Polarlichter zwischen Wunder und Wirklichkeit

Birgit Schlegel • Kristian Schlegel

Polarlichter zwischen Wunder und Wirklichkeit

Kulturgeschichte und Physik einer Himmelserscheinung

Autoren
Dr. Birgit und Dr. Kristian Schlegel
Kapellenberg 24
37191 Katlenburg-Lindau

Weitere Informationen zum Buch finden Sie unter www.spektrum-verlag.de/978-3-8274-2880-6

Wichtiger Hinweis für den Benutzer
Der Verlag und die Autoren haben alle Sorgfalt walten lassen, um vollständige und akkurate Informationen in diesem Buch zu publizieren. Der Verlag übernimmt weder Garantie noch die juristische Verantwortung oder irgendeine Haftung für die Nutzung dieser Informationen, für deren Wirtschaftlichkeit oder fehlerfreie Funktion für einen bestimmten Zweck. Der Verlag übernimmt keine Gewähr dafür, dass die beschriebenen Verfahren, Programme usw. frei von Schutzrechten Dritter sind. Die Wiedergabe von Gebrauchsnamen, Handelsnamen, Warenbezeichnungen usw. in diesem Buch berechtigt auch ohne besondere Kennzeichnung nicht zu der Annahme, dass solche Namen im Sinne der Warenzeichen- und Markenschutz-Gesetzgebung als frei zu betrachten wären und daher von jedermann benutzt werden dürften. Der Verlag hat sich bemüht, sämtliche Rechteinhaber von Abbildungen zu ermitteln. Sollte dem Verlag gegenüber dennoch der Nachweis der Rechtsinhaberschaft geführt werden, wird das branchenübliche Honorar gezahlt.

Bibliografische Information der Deutschen Nationalbibliothek
Die Deutsche Nationalbibliothek verzeichnet diese Publikation in der Deutschen Nationalbibliografie; detaillierte bibliografische Daten sind im Internet über http://dnb.d-nb.de abrufbar.

Springer ist ein Unternehmen von Springer Science+Business Media
springer.de

© Spektrum Akademischer Verlag Heidelberg 2011
Spektrum Akademischer Verlag ist ein Imprint von Springer

11 12 13 14 15   5 4 3 2 1

Das Werk einschließlich aller seiner Teile ist urheberrechtlich geschützt. Jede Verwertung außerhalb der engen Grenzen des Urheberrechtsgesetzes ist ohne Zustimmung des Verlages unzulässig und strafbar. Das gilt insbesondere für Vervielfältigungen, Übersetzungen, Mikroverfilmungen und die Einspeicherung und Verarbeitung in elektronischen Systemen.

Planung und Lektorat: Katharina Neuser-von Oettingen, Stefanie Adam
Herstellung und Satz: Crest Premedia Solutions (P) Ltd, Pune, Maharashtra, India
Umschlaggestaltung: wsp design Werbeagentur GmbH, Heidelberg
Titelbild: Darlene Gait, Canada

ISBN 978-3-8274-2880-6

Vorwort

Wie schon der Titel andeutet, nähert sich dieses Buch dem Thema Polarlicht unter verschiedenen Aspekten. In Kapitel 1 von der Erzählforschung her, und zwar weitaus ausführlicher als alle bisherigen Publikationen zum Thema. Die Mythen, Märchen, Sagen und Geschichten dieses Himmelsphänomens werden als eigenständiges Kulturgut betrachtet. Neu ist der Versuch, einige der in den Erzählungen erwähnten Erscheinungen mit naturwissenschaftlichen Fakten zu verbinden. Auch Kapitel 3 mit Flugblättern des 16. Jahrhunderts stützt sich auf Ergebnisse der Erzählforschung. Die Deutung als Wunderzeichen und Unheilsbringer, die bis ins 21. Jahrhundert nachwirkt, steht im Vordergrund.

Kapitel 2 und 4 sind geschichtlich orientiert, wobei sich das zweite Kapitel auf historische Auszüge aus den verschiedensten Werken konzentriert, beginnend mit den Berichten aus dem alten China. Die frühe Wissenschaftsgeschichte ist der Aspekt des Kapitels 4. Sie wird auswahlsweise und mit dem Schwerpunkt auf deutschsprachige Gelehrte zusammengefasst.

Die folgenden fünf Kapitel behandeln die dem Polarlicht zugrunde liegenden physikalischen und geophysikalischen

Prozese in allgemein verständlicher Weise. Dabei wird zunächst von ihrer wissenschaftsgeschichtlichen Entwicklung her ausgegangen (5), dann werden die Eigenschaften des Polarlichts ausführlich beschrieben (6) und schließlich die eigentlichen physikalische Ursachen behandelt (7). Das Polarlicht ist eine Einzelerscheinung des Weltraumwetters, das in Kapitel 8 besprochen wird. Erstmalig in der populärwissenschaftlichen Literatur wird im Kapitel 9 auf Polarlicht oder polarlichtähnliche Leuchterscheinungen auf anderen Planeten eingegangen.

Das letzte Kapitel (10) enthält ein Literaturverzeichnis mit umfangreichen Quellen- und Publikationsangaben zum kulturhistorischen sowie zum physikalischen Teil mit weiterführenden und vertiefenden Veröffentlichungen. Entsprechende Internetadressen wurden beigefügt, die eine umfangreiche Ergänzung zu weiteren Polarlichtbildern, Filmen und Animationen bieten. Namens- und Sachregister erleichtern die Suche nach Polarlichtforschern und -deutern sowie nach sachspezifischen Stichwörtern.

Die zahlreichen Polarlichtbilder stellen eine Auswahl dar, um die wichtigsten Formen, Farben und Erscheinungen zu veranschaulichen. Es sollte kein „Bilderbuch" entstehen, das nur die Schönheit und Erhabenheit des Polarlichts mit großformatigen Bildern darstellt, für solche Abbildungen wird auf andere Werke sowie auf das Internet verwiesen. Grafische Darstellungen und „Kästen" erläutern wichtige physikalische Prozesse und Details neben dem Text. Durch zahlreiche Querverweise kann der Leser zwischen den einzelnen Kapiteln bzw. Erläuterungen wechseln, um die verschiedenen Aspekte des Polarlichts zu erfassen.

Wir danken den zahlreichen in den Bildunterschriften genannten Künstlern, Forschern und Fotografen, die uns den Abdruck ihrer Bilder gestatteten. Weiter gilt unser Dank Archiven und Bibliotheken, besonders der Zentralbibliothek Zürich, für die Beschaffung vieler älterer Polarlichtdarstellungen und Literatur.

Besonders herzlich danken wir dem Erzählforscher Professor Dr. Rolf Wilhelm Brednich (jetzt Wellington, NZ) sowie Professor Dr. Herman Lühr vom Geoforschungszentrum Potsdam für die Überprüfung unseres Textes. Beiden verdanken wir wertvolle Hinweise und Ergänzungen.

Katlenburg-Lindau   Birgit und Kristian Schlegel
im Mai 2011

Inhalt

Vorwort V

1 Geschichten von Polarlichtern 1

1.1 Beobachter des Südlichts 3
1.2 Indianer in Nordamerika 6
1.3 Europäische Siedler in Kanada 13
1.4 Eskimos in Kanada, Grönland
und Nordsibirien 17
1.5 Nordeuropäische Völker 22
1.6 Weitere europäische Völker 28

2 Polarlichter in der Geschichte 33

2.1 Frühe Beschreibungen aus China 33
2.2 Polarlichter in der Bibel 36
2.3 Beobachtungen im antiken
Mittelmeerraum 39
2.4 Beschreibungen aus dem Mittelalter 42
2.5 Hörbares Licht 45
2.6 Der norwegische Königsspiegel 46
2.7 Botschaften des Unheils 49

3 Wunderzeichen auf Flugblättern 53

3.1 Entstehung der Flugblätter 54
3.2 Kampf und Gewalt 56
3.3 Krieg und Getöse 58

X Polarlichter zwischen Wunder und Wirklichkeit

3.4	Feuer	61
3.5	Zeichen als Prediger	65

4 Vom Unheilsboten zum Forschungsobjekt 71

4.1	Neue Deutungen und Bezeichnungen	71
4.2	Das Nordlicht vom 17. März 1716	73
4.3	Weitere bekannte Polarlichter des 18. Jahrhunderts	81
4.4	Kataloge von Polarlichtern	91
4.5	Polarlichtbeobachtungen auf Entdeckungsreisen	93

5 Meilensteine zur naturwissenschaftlichen Erklärung 103

5.1	Das Erdmagnetfeld	103
5.2	Sonnenaktivität	106
5.3	Spektroskopie	109
5.4	Elektrische Ladungsträger	111
5.5	Die Ionosphäre	115
5.6	Internationale Forschungen	118

6 Die Eigenschaften des Polarlichts 121

6.1	Formen und Farben	121
6.2	Höhe	136
6.3	Geografische und zeitliche Verteilung	139
6.4	Polarlichtgeräusche	149

7 Die physikalische Erklärung des Polarlichts 153

7.1	Sonne und Sonnenwind	153
7.2	Die Magnetosphäre	155
7.3	Das Polarlichtoval	162
7.4	Sonnenstürme	164

8 Das Weltraumwetter und seine Auswirkungen 171

8.1	Weitere Auswirkungen des Sonnenwindes	173
8.2	Teilchen und Ströme	176

8.3	Sonnenflares und ihre Auswirkungen	181
8.4	Andere kosmische Einflüsse	184
8.5	Vorhersage des Weltraumwetters	185

9 Polarlicht auf anderen Planeten ... 189

10 Literatur und Internet ... 195

Sachindex ... 209

Namensindex ... 215

1
Geschichten von Polarlichtern

Glühen, Glänzen und Leuchten in verschiedenen Farben, Zucken, Tanzen und Schweben in Kronen, Bögen und Schleiern, dies ist ein Naturschauspiel am nächtlichen Himmel, das die Menschen seit Jahrtausenden in vielen Gegenden der Erde bewegt. Polarlichter, die leuchtenden Erscheinungen am Nachthimmel, auch als Nordlicht und Südlicht bekannt, sind wundersam und erschreckend zugleich. Bei ihrem Anblick fühlen wir uns erhoben, erschrocken oder ehrfürchtig, ein Gefühl der Größe der Naturgewalten begleitet uns, wie der österreichische Schriftsteller Adalbert Stifter in seiner Novelle „Bergkristall" beschrieb:

> Wie die Kinder so saßen, erblühte am Himmel vor ihnen ein bleiches Licht mitten unter den Sternen und spannte einen schwachen Bogen durch dieselben. Es hatte einen grünlichen Schimmer, der sich sacht nach unten zog. Aber der Bogen wurde immer heller und heller, bis sich die Sterne vor ihm zurückzogen und erblassten. Auch in andere Gegenden des Himmels sandte er einen Schein, der schimmergrün sacht und lebendig unter die Sterne floss. Dann standen Garben verschiedenen Lichts auf der Höhe des Bogens, wie Zacken einer Krone, und brannten. Es floss hell durch die

benachbarten Himmelsgegenden, es sprühte leise und ging in sanftem Zucken durch lange Räume.

Es ist verständlich, dass Beobachter schon früh versuchten, diese Phänomene in ihr Weltbild zu integrieren. Für moderne Erdbewohner ist dies von den Naturwissenschaften geprägt, Menschen früherer Zeiten dagegen deuteten diese Naturerscheinungen durch Mythen und Sagen, die ihnen von ihren Ahnen überliefert worden waren. Sie benannten das Leuchten am Himmel mit Namen aus ihrer Sprache. Die Naturwissenschaftler nennen das Nordlicht *aurora borealis*, das Südlicht *aurora australis* und fassen beides im Begriff „Polarlichter" oder im Englischen *aurora* zusammen.

Forscher versuchten seit Jahrhunderten, natürliche Erklärungen für diese Erscheinungen zu finden, aber sie waren nicht die Ersten und nicht die Einzigen, welche die Polarlichter beobachteten. Schon vor Tausenden von Jahren starrten die Menschen auf die Lichter am nächtlichen Himmel und bedachten ihre Bedeutung. Polarlichter als Stoff von Mythen und Sagen früher Völker finden wir in den Sammlungen von Erzählforschern aus dem 19. und 20. Jahrhundert. Erst damals wurde es ein Forschungsziel von Anthropologen, Ethnologen und Volkskundlern sowie Schriftstellern, Mythen, Sagen und andere Geschichten aufzuschreiben.

Die erhaltenen Texte sind nur schwache Abbilder der ursprünglichen, denn diese wurden mündlich tradiert. Die Worte wurden durch den Gesichtsausdruck, durch die Bewegungen der Hände und des Körpers, durch hohe oder tiefe Töne und Geräusche ergänzt. Dazu kommt, dass die meisten dieser Texte von Völkern stammen, deren Sprache uns nicht bekannt ist. Die Erzählforscher mussten sie in die Sprache ihres Lesepublikums übertragen, manchmal wurde dabei die ursprünglich schlichte Sprechweise durch einen komplizierteren Satzbau ersetzt. Texte, die eine Polarlichterscheinung erwähnen, sind in Erzählsammlungen nur selten zu finden. Das mag daran liegen, dass Polarlichter regelmäßig nur in Gegenden zu sehen sind, die nicht zu weit weg von den Erdpolen liegen (Kap. 6.3). Doch sicher sind auch viele traditionelle Texte mit den Völkern untergegangen.

1.1 Beobachter des Südlichts

Auf der Südhalbkugel siedeln weit weniger Menschen als im Norden, außerdem sind die Kontinente weiter von den Polen entfernt. Die Menschen am Südrand Südamerikas, Australiens und Neuseelands wohnen, mit Ausnahme der Forschungsstationen in der Antarktis, mehr als 30 Breitengrade vom Südpol entfernt. Hier ist das Polarlicht nur selten zusehen, was geophysikalische Ursachen hat (Kap. 6.3).

Zu den wohl ältesten Texten gehört ein Mythos von den Kurnai, einem ausgestorbenen Stamm im Süden Australiens, im heutigen Staat Victoria. Der deutsche Religionenforscher Helmut Petri unternahm bis in die 1950er-Jahre Expeditionen auf diesem Kontinent.

Die Kurnai erzählten von einem riesigen Feuer, das den ganzen Raum zwischen Himmel und Erde erfüllte. Dann brach das Meer über das Land und fast das ganze Menschengeschlecht ertrank. Seit diesem urzeitlichen Sintbrand wurden die Kurnai eine tiefe Angst vor seiner Wiederholung nie wieder los. Jedes Mal, wenn sich ein Südlicht am Himmel zeigte, ordneten die Ältesten den sonst im Stammesleben ungesetzlichen Tausch der Frauen an. In den Camps wurden die „bret", die mumifizierten und aufbewahrten Hände der Verstorbenen geschwungen und Mungan angerufen, er möge sein Feuer, die schreckliche Aurora australis, wegschicken und die Menschen nicht verbrennen lassen.

Die Kurnai erlebten das Südlicht also als Zeichen der Wut ihres Allvatergottes Mungan und als schreckliches Feuer, das die Menschen zu vernichten drohte. Sie ergriffen Maßnahmen, um den Untergang des Menschengeschlechts abzuwenden. Um die Anzahl ihrer Nachkommen zu erhöhen, ordneten die Ältesten den Tausch der Frauen an, der sonst verboten war. Sie ergriffen die mumifizierten Hände ihrer Ahnen und schwangen sie gegen den Himmel, um damit Gefahren abzuwenden. Das Verhältnis der Kurnai zum Südlicht war von Angst geprägt.

Die neuseeländischen Inseln wurden seit dem 13. Jahrhundert von den Maori besiedelt. Ihre farbenreichen Erzählungen sind ein wichtiger Teil ihres kulturellen Erbes. So glauben sie, dass das Südlicht große Feuer reflektiert, welche von Nachkommen ihrer Vorfahren angezündet wurden. Unter dem Titel *Shining Lights in the South* erzählte Alexander Wyclif Reed, ein australischer Kulturforscher:

> Vor tausend Jahren segelten wagemutige Seeleute von ihren tropischen Inseln und entdeckten Ao-tea-Roa, und viele Jahre lang fuhren sie mit ihren einfachen Kanus dorthin. Einige tapfere Seeleute gelangten noch weiter nach Süden, zum

Land des ewigen Schnees und Eises. Dort blieben sie, und während viele lange Jahre vergangen sind, wohnen sie noch immer in diesem öden, unfreundlichen Land. Manchmal erinnern sie sich an die Wärme ihrer heimatlichen Inseln und sie zünden große Feuer an, welche über das Meer scheinen und den ganzen südlichen Himmel erleuchten.

In einem anderen Erzählband schrieb Reed eine Geschichte von einem großen Feuer und von einer langen Reise:

Der Held Tama-rere-Ti hatte das kurakura, ein glänzendes Licht, beobachtet und wollte nun mit einem Langboot nach Süden fahren, um seine Ursache zu erklären. Siebzig junge Häuptlinge wurden für die Reise ausgewählt, dazu kamen zwei alte Seeleute, die in der Navigation erfahren waren, die das karakia, welches Gefahren abwehren sollte, mitnahmen. Auf der Rückreise kamen all um, ihre Körper wurden an Land gespült, sodass die Daheimgebliebenen vom Tod der Bootsbesatzung wussten. Nur die beiden alten Seeleute überlebten die stürmische Nacht. Als sie wieder bei Bewusstsein waren, erzählten sie ihre Abenteuer. Das Kanu war wochenlang südwärts gefahren, bis es zu einem gefährlichen Wall aus Eisklippen kam. Die weiße See hatte gegen den Fuß des Walles geschlagen und Massen von Eis ächzten und knarrten gegen die Klippen. Als das Boot auf und ab kreuzte, wurden die Tage kürzer, bis die Sonne verschwand und die Dunkelheit nur noch vom schwachen Licht der Sterne beleuchtet wurde. Die Dunkelheit wurde durch den Gott der Nacht vertrieben. Kalte Flammen züngelten von der Erde zum Himmel und zurück zur Erde. Die Luft knisterte und schien zu brennen. Sie dampfte und rauchte und verbreitete einen Geruch nach brennendem Flachs. Der Tohunga-Stamm verbrannte die Körper von Tama-rere-Ti und seiner Männer und auch das Kanu. Doch ihr Wesen und ihr Geist wurden in den Himmel aufgenommen und lebten als Sterne weiter. Die frühen Sternenbeobachter glaubten, Tama-rere-Ti mit seinem Schiff und einem Fischhaken am Himmel zu sehen.

Auch hier wird das Südlicht als Feuer gedeutet. Als starker Held wird Tama-rere-Ti jedoch nicht von Furcht gepackt, sondern von Abenteuerlust ergriffen, doch er kommt um, sein Geist erscheint seinem Volk am Himmel. Bemerkenswert ist, dass er neben Licht auch Geräusche bemerkte, ein noch heute in der Naturwissenschaft umstrittenes Phänomen (Kap. 6.4). Einzigartig in allen bekannten Geschichten und Beobachtungen von Polarlichtern ist die Erwähnung eines Geruchs nach brennendem Flachs.

1.2   Indianer in Nordamerika

Auf der nördlichen Halbkugel werden Polarlichter wegen der größeren Landmasse in Polnähe viel öfter beobachtet als im Süden, daher sind auch Erzählungen hierzu häufiger aufgeschrieben worden. Im Norden der heutigen USA und im südlichen Kanada lebten zahlreiche Indianerstämme verstreut über ein großes Land, das sich bis weit in die Nordlichtzone erstreckt.

Die Ottawa Indianer auf *Manitoulin Island* im *Lake Huron* besaßen noch um 1900 eine lebendige Überlieferung vom Ursprung des Polarlichts. Wie für die Kurnai in Australien war das Licht für sie ein Zeichen des Schöpfergottes, hier des Halbgottes Nanboozho. Das von ihm ausgesendete

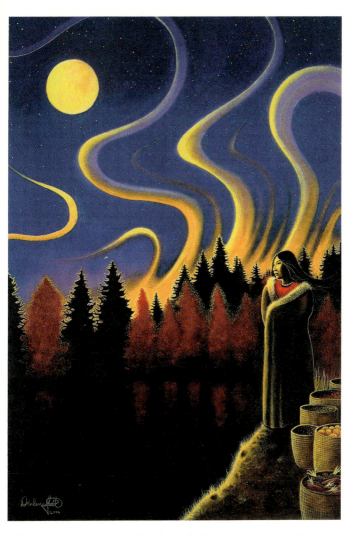

Abb. 1.1 „Wawatehy" (Northern lights), Gemälde von Darlene Gait, Kanada 2000, www.onemoon.ca

Licht bedeutete ihnen, dass er die Menschen nach seiner Reise in den Himmel nicht vergessen hatte, es sollte sie an die Fürsorge ihres Wohltäters erinnern. Als ein Beweis für seine Sorge um die Menschheit versicherte er ihnen, er werde von Zeit zu Zeit große Feuer entzünden, deren Schein die Menschen an sein Wohlwollen erinnerten.

Der kleine Stamm der Onondaga zählte zu den Waldindianern im Nordosten der USA. Auch für sie war das Nordlicht ein Teil des göttlichen Geschehens.

> Sie erzählten von einem jungen Mädchen, das vom Häuptling des Himmels auf die Erde geschickt wird, hier zahlreiche Abenteuer erlebt und dann in den Himmel zurückkehren will. Doch da sie schwanger ist, wird sie vom Häuptling des Himmels durch einen durch und durch grünen Abgrund wieder auf die Erde geworfen. Ihr Name war Ataensic, die große Erdenmutter, ihr Ehemann wurde der Himmelsgott, beide wurden große Akteure im Weltgeschehen.

Die Fox-Indianer, die um den *Lake Winebago* und den *Fox River* lebten, also in den heutigen US-Staaten Wisconsin und Michigan, sahen im Nordlicht Flammen von Feuer, welche vom Horizont in den Himmel züngelten. Es waren Geister ihrer erschlagenen Feinde, die sich zu erheben versuchten. Für die Fox war daher das Nordlicht ein Zeichen toter Seelen, die ihnen nach dem Leben trachteten. Andere Indianerstämme erklärten das Polarlicht durch Erzählungen, in denen es ein Lebenszeichen von Helden ist. Diese erleben zahlreiche Abenteuer, bis sie am Himmel erscheinen.

Die Dog-Rib vom Volk der Chippwyan im Nordwesten Kanadas, in der Nähe des *Great Bear Lake* und des *Great Slave Lake*, haben ihre Traditionen besonders gut bewahrt, da sie weit entfernt von moderner Kommunikation lebten. Der Anthropologe James MacIntosh Bell erinnerte sich an ein besonderes Ereignis, das die Vermischung der alten Mythen mit dem Christentum zeigt. Bell hatte um 1900 an einer katholischen Christmette teilgenommen. Die Indianer waren lange Wege angereist, um bei der Zeremonie anwesend zu sein, der sie ehrfurchtsvoll folgten.

Nach dem Gottesdienst erschien der Himmel leuchtend in den wechselnden Farben des Nordlichts. Als die Indianer aufblickten, sahen sie das Phänomen, das für sie die seltsamste Erscheinung in der Natur war. „Ah" sagten sie und beugten ihre Köpfe vor diesem tanzenden Licht, „die Finger von Ithenhiela winken uns zu seiner Heimstatt. Bald werden einige von uns zu diesem großen Land kommen, das wir nicht kennen."
Und sie erzählten Bell die Geschichte des Helden Ithenhiela, auch Caribou-footed genannt, der zahlreiche Abenteuer bestanden hatte, bis er schließlich das Himmelland betrat. Dort lebte in einem großen weißen Wigwam Hatempka, der seinen Medizingürtel verloren hatte. Niemand konnte im Himmel glücklich werden, ohne dass der Gürtel gefunden war. Er wurde von zwei blinden Frauen bewacht. Als Ithenhiela die beiden Alten überlistet hatte, brachte er den Gürtel zurück zu Hatempka und bat um dessen Tochter als Ehefrau. Ithenhiela blieb im Himmel im weiß scheinenden Heim des Hatempka. Wenn die Nordlichter flackern, winkt er ihnen mit seinen Fingern zu, um sie in sein Heim zu locken.

Der deutsch-amerikanische Schriftsteller Karl Knortz veröffentlichte 1871 eine Erzählung eines ungenannten In-

Abb. 1.2 Polarlicht über Kirche, Utsjoki/Finnland am 22. Februar 1901, Gemälde von Harald Moltke, reproduziert mit Genehmigung von Evind Moltke Schou von P. Stauning, Danish Meteorological Institute, Dänemark

dianerstammes, die eine ähnliche Deutung aufweist. Ihre Form, die durch Knortz vielleicht selbst gestaltet wurde, ähnelt einem Märchen:

> Ein kleiner, hilfloser Waisenknabe war seinem bösen Onkel davongelaufen. Da hatte er denn einen sonderbaren Traum, in dem ihm eine göttliche Gestalt erschien und zu ihm sagte: „Ich bedaure dich, kleiner Knabe; doch steh auf und folge mir, ich will dir helfen!" Darauf erwachte der Knabe, kletterte vom Baum herab und überließ sich der Führung eines vor ihm stehenden Manitus. Als er eine Weile fortgewandert war, kam er hoch hinauf in den Himmel, wo er einen Bogen mit zwölf Pfeilen bekam und ihm befohlen wurde, sofort zum nördlichen Horizont zu ziehen, um die dort hausenden wilden Geister zu töten. Das tat er dann auch, und er verschoss elf Pfeile, die wie leuchtende Blitze dahin flogen, ohne jedoch einen dieser Manitus zu treffen, viel weniger zu töten; denn diese konnten sich im Nu in einen unverwundbaren Gegenstand verwandeln. Seinen letzten Pfeil, den zwölften, richtete er auf das Herz des Manituchiefs, doch dieser transformierte sich schnell in einen großen Felsen, und das Geschoss wurde ebenfalls vergebens abgefeuert. „Jetzt sind deine Gaben vergeudet", schrie jener Chief darauf, „und du bist nun in meiner Macht und sollst zur Strafe für deine Vermessenheit für alle Zeiten am nördlichen Himmel festgebannt sein und nur zeitweilig als Nordlicht ein Lebenszeichen von dir geben!".

Auch der kanadische Schriftsteller Cyrus MacMillan schrieb eine lange Geschichte von den *Northern Lights* in Form eines Märchens nieder, betonte allerdings in einem Vorwort, dass alle seine Erzählungen dem Erzählschatz der kanadischen Indianer entstammten.

Die Geschichte handelt von einer Frau und ihrem Sohn, der besonders stark war und in die Welt zog, um andere starke Männer zu finden. Er traf einen Mann, der ein Kanu hochheben konnte, und einen Mann, der einen großen Stein auf einen Berg hinauf rollte. Er beschloss, zusammen mit den Männern zu wohnen und zu jagen. Eines Tages kam ein kleiner Junge zu ihnen und aß ihre ganze gut gekochte Mahlzeit auf. Die geschah dreimal, doch nach dem dritten Mal konnte der starke Junge den Kleinen überwältigen. Als Dank für die Freilassung brachte der Kleine den anderen zur Höhle eines Riesen. Auch dieser wurde von dem starken Jungen überwältigt. Nun schenkte der Kleine dem starken Jungen eine seiner drei schönen Schwestern. Mit der jüngsten lebte der starke Junge eine zeitlang glücklich im Wald, doch dann wollte er zurück in seine Heimat. Dort leckte ihm ein schwarzer Hund die Hand, wie seine Frau ihm geweissagt hatte. Sofort vergaß der Junge sein Leben im Wald und seine feenhafte Frau.
Mit einem wunderbaren Lied gelang es ihr, ihren Mann zurückzubekommen. Als er die Melodie hörte, erinnerte er sich wieder an das Leben im Wald und an seine Frau. Die Erscheinung sagte: „Wir dürfen nicht hier bleiben. Dies ist eine verzauberte Stelle, wo die Männer vergesslich werden." Und sie begannen vor Furcht zu zittern. „Wir werden in das Land des Ewigen Gedenkens ziehen, wo Mann und Frau niemals diejenigen vergessen, die sie lieben". Ein großer Vogel flog herbei und brachte sie in den Himmel. Und sie wurden in Nordlichter verwandelt. Noch immer beginnen sie zu zittern, wenn sie an das Land des Vergessens denken und an das Leid, das sie dort erfahren haben.

Ein Gott oder Halbgott wird hier nicht genannt, doch ein großer Vogel stellt einen Boten zum Himmel dar. Die Bewegungen am Himmel werden hier als Zittern der Helden gedeutet, bei den Dog-Rib war es das Winken von Fingern.

Viel konkreter ist das, was die Creek-Indianer am *Sandy Lake* südlich der *Hudson Bay* berichteten. Für sie haben die Polarlichter keine übernatürliche Bedeutung mehr, doch sie helfen ihnen bei der Voraussage des Windes:

> Wenn die Nordlichter nach Süden lodern, so wird der Wind am nächsten Tag von Süden wehen.

Dies ist so verschieden von der Meinung anderer Indianerstämme, dass man einen Einfluss weißer Siedler vermuten darf. Der erste Außenposten der *Hudson Bay Company* wurde am *Sandy Lake* im Jahr 1894 errichtet.

1.3 Europäische Siedler in Kanada

Einen Hinweis auf einen Ursprung dieser Deutung bei Europäern finden wir bei englischen und irischen Siedlern am Victoria Beach in Nova Scotia, der östlichsten Halbinsel Kanadas. Auffallend ist, dass hier die Geräusche des Polarlichts in die Deutung einbezogen werden:

> Nordlichter bedeuten südliche Winde. Du hörst sie, als ob ein Segel gegen den Mast schlägt.

Die Erklärung als Windvorhersage ist auch von französischen Siedlern im Osten Kanadas überliefert. Ihr großer Erzählforscher war Germain Lemieux, der seit den 1950er-

Jahren die Bauern Neu-Ontarios und Manitobas befragte, um seine Sammlung franko-kanadischer Volkserzählungen zu erweitern. Sie sind in mehreren Bänden unter dem Titel *Was die Alten mir erzählten* zusammengefasst. Das Nordlicht bezeichnen die Franko-Kanadier als *aurores boréales*, als *marionettes* oder als *signaux*. Hier kommt eine Geschichte in der Geschichte:

> Die Polarlichter sind ein Phänomen, das vom Wind abhängt. Ich habe einen jungen Mann aus dem Süden gekannt, der sein Pferd sterben lassen musste, als eines Abends das Polarlicht überwältigend leuchtete. Das ist ein starkes Licht, das aber nicht blendet. Da er das Phänomen nicht kannte, zitterte der junge Mann vor Angst und wollte fliehen, indem er sein Pferd anspornte. Er konnte die Tatsachen nicht erklären: Es war hell wie am Tag, das Licht entwickelte sich nach allen Seiten. Bei seiner Heimkehr musste er die Erklärungen seines Vaters hören: „Armes Kind! Es besteht keine Gefahr. Die Signale sind ein natürliches Phänomen".
> Von der Zeit an, als ich Autofahren konnte, habe ich die Nordlichter oft gesehen und habe mich an der leuchtenden Atmosphäre erfreut. Es war schön, diesen Überfluss an Licht zu sehen, welches sicht weithin erstreckte. Die Pferde haben keine Angst vor diesem Phänomen. Wenn die Signale sichtbar und aktiv sind, sagen sie einen starken Wind voraus. Wenn der Wind vom Süden kommt, ist er heiß und heftig; wenn er vom Norden kommt, bringt er Kälte und bläst heftig.

In dieser Erzählung findet man mehrere Möglichkeiten, das Polarlicht zu deuten. Der junge Mann auf seinem Pferd kannte es nicht und war zu Tode erschrocken. Sein Vater fasste es als gefahrloses natürliches Phänomen auf, der Erzähler erfreut sich an ihm und lässt es etwas über den Wind aussagen.

Lemieux beschreibt auch eine andere Auslegung. In der nächsten Geschichte deutet man die Nordlichter als singende, schlagende und tanzende Gliederpuppen am Himmel, die den Menschen Angst einjagten, gibt aber zugleich eine natürliche Erklärung.

> Wirklich, man muss anfangen zu singen, wenn man die Marionetten bemerkt. Sobald sie anfangen zu singen, können dich einige schlagen, wenn du nicht im Haus bist. Ja, sie schlagen dich, die Marionetten. Du musst dich retten, wenn du ihnen entkommen willst. – Gibt es ein besonderes Lied, um sie zum Tanzen zu bringen? – Ja, ich erinnere mich an einige Stellen: „Wo seid ihr, so spät am Abend, Begleiter der Marionetten. Tanzt, Tanzt." […] Dann begannen die Nordlichter am Himmel spazieren zu gehen. Die Jungen hatten solche Angst, dass sie aufhörten zu sprechen. Ja, ja, es kamen genug Sänger, um ihnen Angst zu machen. Man glaubte, dass die Nordlichter abgeschlagene Stücke von den Eisbergen am Nordpol sind. Wenn die Sonne auf diese Gletscher brennt, gibt es Lichter am Himmel.

In derselben Sammlung gibt es eine ähnliche Erzählung, die jedoch so endet:

> Sie dachten, es wären menschliche Wesen, eine Art Kobolde oder Seelen, die am Himmel spazierten.

Louis Fréchette, der große franko-kanadische Schriftsteller des 19. Jahrhunderts, hat die Deutung des Nordlichts

Abb. 1.3 Tanz am Fluss, Gemälde von Glen Scrimshaw, Kanada, 1999 (http://www.glenscrimshaw.com/). Das Gemälde gibt ein Polarlicht sehr naturgetreu wieder, sogar den violetten Saum am unteren Rand, den man gelegentlich bei sehr aktiven Polarlichtern beobachtet.

als Marionetten aufgenommen. In seinem Buch von den Erzählungen des Jos Violon lässt er diesen wortgewaltigen Geschichtenerzähler von den Nordlichtern sprechen:

> Sie seien Unheil bringende Lichter, die am nördlichen Himmel sprühten, als ob man einer Katze am Abend über den Rücken streichle oder ob man das Firmament mit Schwefelhölzern angezündet habe. Es seien Marionetten, die am Himmel tanzten.

1.4 Eskimos in Kanada, Grönland und Nordsibirien

Der Name „Inuit" gilt nur für die Volksgruppen der Eskimos, die im arktischen Zentral- und Nordostkanada und in Grönland leben, er hat sich daher als Oberbegriff nicht durchgesetzt. Das Verbreitungsgebiet der Eskimos ist ein schmaler Küstenstreifen, der in Alaska am *Cooks Inlet* beginnt, sich über die Küste des Beringmeers und der Beringstraße entlang dem nördlichen Polarmeer, der ganzen arktischen Küste und den arktischen Inseln Kanadas sowie über ganz Grönland erstreckt. Dazu kommt eine Gruppe von 10 000 bis 20 000 Eskimos im nordöstlichen Sibirien auf der Tschukten-Halbinsel. Das Polarlicht ist im Verbreitungsgebiet der Eskimos eine häufige Erscheinung. Es leuchtet selten rot wie weiter im Süden, deshalb spielt die Deutung als Feuer bei den Eskimo keine große Rolle. Sie beobachten es in allen Farben, besonders aber in Weiß und Grün (Kap. 6.1).

Abb. 1.4 „*Aurora*-Wanderer" Gemälde von Dawn Oman, Kanada, 1997, www.dawnoman.com

Häufig berichten die Eskimos von Bewegungen und Geräuschen des Lichts (Kap. 6.4). Eine Überlieferung der Eskimos vom unteren *Mackenzie*-Fluss im kanadischen *North West Territory* nahe dem Polarmeer deutet die Nordlichter als übernatürliche Wesen:

> Ein junger Jäger brachte seine große Beute von Karibu-Fleisch nach Hause und wollte sie in einer Höhle, die mit großen Felsen bedeckt war, verstecken. Doch zu seinem Schrecken waren alle Vorräte verschwunden. Es gab keine tierischen oder menschlichen Fußabdrücke, keinen verräterischen Geruch. So beschloss er, in der Nacht Wache zu halten. Da kamen drei Schatten zur Höhle, die wie Eskimos aussahen, tanzten und rannten und flackerten, doch es gab

keine Fußabdrücke. Sie verschwanden und die Hälfte seiner Beute war weg. Dies geschah dreimal. Der Medizinmann wurde befragt und er verwendete verschiedene Zaubermittel, schließlich erklärte er: „Mein Geist sagt mir, dass dein Fleisch von den Nordlichtleuten gestohlen wurde. Sie sind den Eskimos sehr ähnlich, aber sie leben im Himmel. Sie sind spaßig und glücklich. Sie lieben das Tanzen und Hüpfen zur Musik des himmlischen Lichts. Sie sind voll Übermut, aber fürchte sie nicht. Gib ihnen kleine Spenden als Zeichen deines guten Willens und sie werden dich nicht mehr belästigen!" Die Eskimos hörten auf ihren Medizinmann. Wenn sie ihr Fleisch in die Höhlen brachten, ließen sie kleine Brocken auf den Felsen zurück und von dem Tag an wurde kein Fleisch mehr gestohlen.

In dieser Geschichte werden die Nordlichtmenschen nicht ausdrücklich als Seelen der Verstorbenen aufgefasst. Doch nach dem Glauben der meisten Eskimostämme leben im Nordlicht die Toten weiter. Sie kommen entweder in das *Land of Narrow* unterhalb der Erde und des Wassers oder in das *Land of Day* im Himmel. Die Menschen am nordöstlichen Rand der *Hudson Bay* erzählen davon so:

> Diejenigen, die ohne Tadel gestorben sind und diejenigen, die durch einen gewaltsamen Tod von ihren Untaten gereinigt wurden, gehen zum Land des Tages, nachdem sie vielleicht zum Seegeist gegangen sind, um dahin bestimmt zu werden. In keinem Land gibt es Mühsal, aber das Land des Tages ist bekannt für seine endlosen Vergnügungen. Hier spielen die Toten Fußball mit einem Walrossschädel, sie versuchen, ihn mit dem Kopf abwärts so fallen zu lassen, dass die Stoßzähne im harten Schnee stecken bleiben. Dieses Spiel erscheint als Aurora.

Dazu noch eine Überlieferung aus Labrador. Die Labrador-Eskimos besuchen die Gräber ihrer Verstorbenen regelmäßig und legen Gaben von Tabak, Speisen und Kleidern nieder.

> Die Enden des Landes und des Meeres sind begrenzt durch einen gewaltigen Abgrund, über welchen ein schmaler und gefährlicher Pfad in die himmlischen Gefilde führt. Der Himmel ist eine große Kuppel aus gehärtetem Stoff, der sich über die Erde spannt. Darinnen ist ein Loch, durch welches die Geister in die wahren Himmel eingehen. Nur die Geister derer, die einen freiwilligen oder gewaltsamen Tod erlitten, und der Rabe beschreiten diesen Pfad. Die dort wohnenden Geister entzünden eine Fackel, um die Füße der Neuankömmlinge zu führen, das ist das Licht der Aurora Borealis. Dort können sie gesehen werden, wie sie feiern und Fußball spielen mit einem Walrossschädel. – Das pfeifende, knackende Geräusch, welches das Nordlicht begleitet, ist die Stimme der Geister, wie sie versuchen, mit den Menschen der Erde Verbindung aufzunehmen. Sie sollten immer mit leiser Stimme beantwortet werden. Jugendliche und kleine Jungen tanzen zur Aurora.

Der Abgrund, der zum Himmel führt, die himmlischen Geister der Verstorbenen, die versuchen, mit den Menschen auf Erden Kontakt aufzunehmen, und die Geräusche als Stimmen von Geistern sind Motive, die wir schon von Indianerstämmen kennen.

Der in Grönland geborene und aufgewachsene dänische Polarforscher Knud Rasmussen führte in den 1920er-Jahren mehrere Expeditionen zur Erforschung seiner Heimat (*Thule*) durch. Er veröffentlichte einen Band mit Mythen und Sagen aus Grönland, dabei erwähnte Rasmussen das Nordlicht im Zusammenhang mit den Iglulik-Eskimos in Zentralgrönland:

> Diejenigen, die ein gutes Leben ohne Tabubruch geführt haben, werden sofort zum Land des Tages geschickt, während diejenigen, welche die alten Regeln missachtet haben, in ihrem Haus zurückgehalten werden, um ihre Untaten zu büßen, bevor sie zum Narrow-Land ziehen dürfen. Die Toten erleiden kein Ungemach, wohin sie auch kommen, doch die meisten wollen zum Land des Tages, wo es Vergnügungen ohne Ende gibt. Hier spielt man dauernd Ball, das Lieblingsspiel der Eskimos, man lacht und singt, und der Ball ist ein Walrossschädel. Das Ziel ist, den Schädel so zu kicken, dass er immer mit den Stoßzähnen nach unten fällt, und so fest im Untergrund stecken bleibt. Dieses Ballspiel der Verstorbenen erscheint als aurora borealis, und sie wird als pfeifender, verrosteter, knackender Klang erlebt. Das Geräusch entsteht, wenn die Seelen über den frostharten Schnee des Himmels rennen. Wenn man nachts allein draußen ist, wenn die Aurora zu sehen ist und man den pfeifenden Klang hört, muss man zurückpfeifen und die Lichter werden aus Neugier näher kommen.

In fast allen Nordlichtgeschichten der Eskimos bringen die Geister kein Unheil, sie sind neugierige Seelen der Toten, die am Himmel rennen, singen und spielen. Die Ähnlichkeiten sind verblüffend. Die Fassung aus Grönland enthält jedoch mehr Details als die Erzählungen der kanadischen Eskimos, aber hier wird nicht vom Fußballspielen gesprochen, sondern nur von einem Ballspiel. Dieses wurde erstmals im Jahr 1745 vom dänischen Missionar Hans Egede erwähnt. Das Rollen eines Fußballs ist kaum mit Walrossschädeln möglich, bei dem die Stoßzähne hervorstehen. Auch wenn man an das Auf und Ab des Polarlichts denkt, erscheint ein Hochwerfen des Balles wahrscheinlicher. Die Weiterführung vom Ballspiel zum Fußballspiel ist vermutlich die Interpretation von weißen Siedlern.

Die Tschukten, ein Eskimostamm im Amurland, glauben, dass die Seelen der Verstorbenen, die eines gewaltsamen Todes gestorben sind, direkt zum Himmel gehen, während die eines normalen Todes Gestorbenen auf der Erde bleiben oder in den Untergrund absteigen. Das Nordlicht ist für sie hauptsächlich das Heim der gewaltsam Verstorbenen.

Besonders urtümlich sind die Deutungen des Nordlichts bei den Chuvash, einem nordsibirischen Indianerstamm. Sie sind der Meinung, dass der Gott Suratan-Tura mit der *Aurora* verbunden sei. Während eines Polarlichts gebäre der Himmel einen Sohn. Das Nordlicht helfe einer Frau während der Schmerzen der Geburt.

1.5 Nordeuropäische Völker

In ganz Skandinavien und auch in Deutschland ist der Mythos vom „Wilden Heer" oder auch vom „Wilden Reiter" bekannt. In den dunklen Winternächten, besonders in der Zeit zwischen Weihnachten und Dreikönig, tobe Odin oder Wodan mit feurigen Pferden an der Spitze eines Heeres über den Himmel und versetze die Menschen in Angst und Schrecken. Die Lanzen, Schwerter und Speere, die die Reiter mit sich tragen, lassen sich gut durch ähnliche Erscheinungen bei Nordlichtern erklären. Allerdings erscheinen die Nordlichter besonders häufig zur Zeit der Tag- und Nachtgleichen, also im März und September, und keineswegs nur zu einer bestimmten Zeit im Jahr (Kap. 6.3).

Nach einem Bericht aus Alta, Nordnorwegen, wird behauptet, es handele sich beim Nordlicht und die Reflexionen der Schilde der Walküren der altnordischen Mythologie. Im Walkürenlied, mit dem die Njalssaga schließt, wird folgende Beschreibung einer Lichterscheinung gegeben:

> Schrecklich ist es, umher zuschauen: blutige Wolken wandern über den Himmel. Die Luft ist rot – von Blut getränkt – so schön konnten die Walküren singen.

Auch in Schweden wurde das Polarlicht ursprünglich mit einem göttlichen Wesen verbunden. Man erzählte, dass Gott ärgerlich sei, wenn das Nordlicht leuchte. Eine Geschichte aus der Region *Västerbotten* bezieht sich auf die alten nordischen Mythen. Hier entstand das Nordlicht durch einen Kampf zwischen Thor und den Frostriesen, den Feinden der Götter. Wenn das Licht am südlichen Himmel zu sehen war, so war es der Atem Thors und seiner zwei Widder, war es im Norden zu sehen, war es der Atem der Riesen. Thor war der nordische Gott für Donner und Blitz, der am Himmel mit einem von zwei Widdern gezogenen Wagen reiste und seinen Hammer schwang, um Blitz und Donner zu erzeugen.

Die frühen Norweger hielten es für gefährlich, die Geräusche der *Aurora* zu beantworten. Wenn man es in Bardu tat, wurde man vom Licht gelähmt, während in Gudbransdalen das Licht verrückt spielte. Auch eine alte Geschichte aus dem Gebiet um Tromsö erzählt, dass jemand gelähmt wurde, wenn er das Nordlicht anlachte, denn er lachte gegen die Macht des Allmächtigen. Einwohner der Färöer-Inseln betrachteten das Nordlicht als Gefahr für das Leben ihrer Kinder und warnten diese, nicht ohne eine Mütze aus dem Haus zu gehen, sonst käme das Nordlicht und schnitte ihnen die Haare ab.

In der Finnmark, dem nördlichsten Gebiet Norwegens, war es ein weitverbreiteter Glaube, dass das Nordlicht diejenigen töte, die es verspotteten. Es wird von zwei Brüdern berichtet, die ausfuhren, um nach ihrer Rentierherde zu schauen. An einem besonderen Abend erschien, nachdem sie gegessen hatten, das Nordlicht am Himmel und der Jüngste begann, das Licht zu verhöhnen. Der Ältere warnte den jüngeren Bruder, er solle aufhören, aber das stachelte ihn nur an. Die Lichter begannen schrecklich zu tanzen und ein Geräusch wurde hörbar wie Schnee, der mit einem steifen Fell geschlagen wurde. Schließlich stieg das Nordlicht herunter, tötete den Jungen und verbrannte seine Rentierjacke. Der ältere Bruder konnte sich retten, indem er sich unter seinem umgedrehten Schlitten verbarg.

Eine andere Geschichte der norwegischen Lappen erzählt von zwei Männern, die zu streiten begannen. Als die Streitereien heftiger wurden, setzten sie sich auf den Boden und sangen so, dass das Reich ihrer Wohltäter ihnen Licht gab, was wahrscheinlich das Nordlicht war. Wenn diese zwei Lichter sich trafen, begannen sie zu kämpfen. Ein schreckliches Geräusch wurde hörbar und ein rostiges Rasseln begleitete dieses Duell. Wenn das Licht, das von dem einen Lappen gesehen wurde, langsam verschwand, wurde er schwach, und wenn es ganz weg war, starb sein Geist.

Ein andermal war die Deutung des Polarlichts mit dem Glauben an aktive Vulkane weit im Norden verbunden.

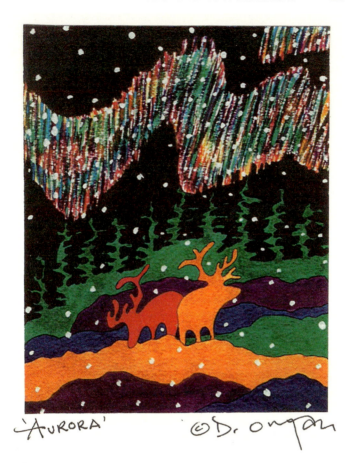

Abb. 1.5 „Aurora", Gemälde von Dawn Oman, Kanada

Dahin hatte sie der allmächtige Gott selbst platziert, um die dunklen und kalten Teile des Landes zu erhellen und zu erwärmen. Auch war es in Schweden und Norwegen allgemeiner Glaube, dass das Nordlicht der Widerschein von großen Heringsschwärmen oder von Fischschulen im Meer sei. Wenn die Heringe kurz unterhalb der Wasseroberfläche schwammen, warfen sie einen Lichtstrahl gegen die Wolken, den man vom Land aus sehen konnte. In Schweden existierte auch der Glaube, dass das Nordlicht eine Widerspiegelung von Fackeln sei, welche die Lappen brauchten, um nach ihren Rentieren zu schauen.

Der Schweizer Schriftsteller Robert Crottet tradiert eine Erzählung der Skolt-Lappen aus Finnland, in denen das Nordlicht die Heimat der Toten ist, welche die Menschen beschützen.

> Zum Schutz vor seinem Tod bewahrte ein schon zweitausend Jahre alter Greis drei Seelen des Nordlichts in einer Flasche auf. Der Greis wollte mit ihrer Hilfe seine Seele gegen die Seele eines jungen Mannes austauschen, der ihn in seiner Hütte besuchte. Der junge Mann spürte Hände in seiner Brust, die seine Seele suchten, doch er bewahrte die Ruhe und begann zu beten. Da flammte plötzlich ein riesiger Schein über den Himmel. Das Nordlicht breitete seine Strahlen aus, als ob eine gewaltige Blume ihre Blüten öffnete. Eines ihrer Blütenblätter drang durch das Fenster der Hütte. Da verschwanden die Hände aus der Brust des Jünglings. Er stieß einen Freudenschrei aus. Das Nordlicht erlosch. Die Seelen waren aus der Flasche entwichen, der Alte hatte die Unsterblichkeit verloren, der Jüngling kehrte zu seiner Verlobten zurück.

In einem Vortrag vor der Finnischen Akademie der Wissenschaft hielt der Dichter, Folklorist und Mythologe Martti Haavio im Jahr 1943 einen Vortrag, in dem er über weitere mit dem Nordlicht verbundene finnische Belege sprach. Er hatte dazu Befragungen durchgeführt und diese zum Teil in Karten eingetragen. Nach seinen Forschungen besteht das Nordlicht laut Auffassung der Skolt-Lappen aus den Seelen Erschlagener. Sie wohnen in Räumen, in denen sich bisweilen ein furchtbares Töten erhebt, der Fußboden dieser Stuben wird blutbedeckt. Diese Lappen fürchten auch, bei Nordlicht ihren Rentieren Schellen umzubinden, da es einen Fahrer mit sich nehmen kann. Die Frauen gehen dann nicht mit unbedecktem Kopf hinaus, damit die Geister sie nicht rauben können.

Die finnischen Bezeichnungen für die Polarlichter sind ganz verschieden, doch die meisten hängen mit dem Feuer zusammen, z. B. die alten Jungfern feuern, der Lappe brät Rentierfleisch oder die Lappen brennen Lagerfeuer, die Lappen machen Johannisfeuer. Mit diesen lassen sich estnische Redensarten vergleichen. Häufig ist auch die Auffassung vom Feuerberg oder Vulkan. Sehr verbreitet ist die Deutung, dass das Nordlicht durch den von der Sonne verursachten Widerschein auf Eisbergen, Eisschollen oder Meereswogen beruht. In einem ausgedehnten Gebiet Finnlands schreibt man dem Auflodern des Nordlichts eine voraussagende Bedeutung zu. Es kann einen Witterungsumschwung bedeuten oder Schneefall, Frost, Wind, Sturm, Unwetter, schönes Wetter oder Tauwetter. Verbreitet ist auch die Auffassung, das Erscheinen des Nordlichts würde Krieg vorhersagen.

In Finnland findet man auch die merkwürdige Vorstellung, dass der Urheber des Nordlichts ein großer Fisch sei, meistens ein Walfisch, der sich im Eismeer bewegend jenen geheimnisvollen Glanz bewirke. Und aus weit östlich gelegenen Gegenden wird der Lichtschimmer mit dem glänzenden Fell des Feuerfuchses in Verbindung gebracht. Wenn in Karelien die mythischen Feuerfüchse umherlaufen und mit ihren Flanken an die Bäume stoßen, schlagen

Abb. 1.6 Fuchsjagd bei Nordlicht, Knud Leem (1767), Tab. LXVIII

sie Feuer, und die Flamme ist am Himmel zu sehen. Das Nordlicht wird deshalb auch „Fuchsfeuer" genannt.

1.6 Weitere europäische Völker

Bei den keltischen Schotten erzählte man von der Welt der Geister, die im Streit lagen. Das Nordlicht kämpft hier einen ewigen Kampf, und das Blut der Verwundeten, das zur Erde fällt, wird zu Steinen, die man Blutsteine nennt. Das rote Polarlicht, das man besonders in mittleren Breiten beobachtet (Abb. 6.10a), wird als *pool of blood* bezeichnet. Im Volksmund gibt es auch die Deutung von den *nimble men* oder den *merry dancers*. Waren das Meer und das Land in einem harmonischen Zustand, so pflegten diese Riesenwesen fröhlich und ausgiebig miteinander zu tanzen. Gegen Ende ihrer Feste tanzten sie dann mit ihren Frauen, den *merry maidens* über den Himmel, wobei die farbenprächtigen Gewänder der Frauen über den Himmel flatterten.

Die Litauer und die Letten erzählen, dass die Geister der Luft und die Seelen der Verstorbenen miteinander kämpfen, wenn die *Aurora borealis* erscheint. Die Esten sehen im Nordlicht gleichfalls einen himmlischen Krieg, es werden Hunger, Bluttaten und Unglücksfälle verkündet. Auf der estnischen Insel Ösel (*Saaremaa*) sagt man, dass man während der heiligen Nächte, wenn der Himmel sich öffnet, zwei bewaffnete Männer sehe, die miteinander kämpfen wollen. Doch Gott erlaube es nicht und bringe sie auseinander. Eine andere Auffassung der Esten meint, das Nordlicht entstehe durch den Schein der Sonne auf einen Eisberg oder durch die Glut eines Feuer speienden Berges oder einen im Meer spielenden Walfisch.

Russische Lappen sprechen auch von einer mythischen männlichen Gestalt, die getötet wird, sobald sie von Sonnenstrahlen getroffen wird. Das Nordlicht steige von seinem Blut auf. Eine andere Auffassung der russischen Lappen erklärt es als Geister der Ermordeten. Diese Geister leben in einem Haus, wo sie sich bisweilen versammeln und zu Tode stechen, wodurch der Fußboden mit Blut bedeckt wird. Sie fürchten die Sonne und verbergen sich von ihren Strahlen. Das Nordlicht erscheine, wenn die Seelen der Ermordeten ihr Gemetzel beginnen.

Eine einmalige Deutung wird aus Dänemark berichtet. Die Nordlichter werden nach alter Tradition durch einen Schwarm von Schwänen erzeugt, die so weit nördlich flogen, dass sie im Eis gefangen blieben. Jedes Mal, wenn sie ihre Schwingen schlugen, um sich zu befreien, erzeugten sie einen Widerschein am Himmel, der als Polarlicht gesehen wurde.

In Mitteleuropa ist das Nordlicht bei guten Bedingungen im langjährigen Mittel dreimal im Jahr zu sehen (Abb. 6.16). Deshalb ist es verwunderlich, dass bisher keine deutschsprachigen Mythen oder Sagen zu dieser Erscheinung bekannt sind. Die Menschen in Mittel- und Südeuropa haben ihre Beobachtungen meistens in historischen Werken aufgezeichnet, wovon im nächsten Kapitel die Rede sein wird. Auf Deutsch gibt es literarische Beschreibungen wie die des eingangs zitierten Adalbert Stifter sowie mehrere Science-Fiction-Romane, die das Motiv benutzt haben. Im Jahr 1921/22 schrieb der deutsche Dichter Theodor Däubler das Großepos „Nordlicht". Es ist in Versform in zahlreichen Strophen verfasst, jedoch wird das Nordlicht nur in wenigen Strophen direkt genannt. In einem stark anthroposophisch geprägten Buch des Autors Harald Falck-Ytter wird Däubler als „Künder des Nordlichts" gepriesen, obwohl er nie eine solche Erscheinung gesehen hat.

Mythen, Sagen, Märchen, Geschichten und Vorausdeutungen vom Polarlicht sind auf viele der in der Nähe des Südpols oder Nordpols lebenden Völker verstreut. Die Fülle der Überlieferungen erscheint auf den ersten Blick verwirrend, bei einem Überblick über die verschiedenen Erklärungen fallen jedoch vier Gruppen auf, die sich teilweise überschneiden.

In der ersten wird das Polarlicht mit einem Schöpfergott oder einem anderen göttlichen Wesen in Verbindung gebracht. Diese Mythen stammen wohl aus der Zeit vor der Christianisierung des jeweiligen Volkes. Der Gott kann den Menschen böse oder wohlwollend gesinnt sein, sein Zeichen ist häufig ein Feuer. In den nordischen Sagen wird auch vom Kampf der Götter gesprochen. Manchmal kommt eine Vermischung von mythischen Göttern und dem Christentum vor, oder der Schlund des Nordlichts stellt eine Verbindung zwischen Erde und Himmel dar.

Vielfältig ist die Gruppe, in denen Verstorbene einen Platz im Himmel eingenommen haben und nun durch das Polarlicht erscheinen. Auch sie können den Menschen wohlwollend oder böswillig gesinnt sein, ihr Zeichen ist oft ein Feuer oder eine Fackel. Sie können die Gestalt eines verstorbenen Helden annehmen oder sind gewaltsam Gestorbene, sind Tänzer oder Marionetten. Sie spielen, tanzen oder kämpfen miteinander. Auf Pfiffe oder andere Kontakte vonseiten der Menschen reagieren sie meist unwillig. Bei dem Versuch, mit ihnen Kontakt aufzunehmen, kann es zu Lähmungen oder zum Tod kommen. Nur bei den Eskimos gelten die Nordlichter als fröhliche Gesellen, die am Himmel Ball spielen. Die unterschiedlichen Erscheinungsformen und Farben je nach Breitenbereich spielen hier wahrscheinlich eine Rolle.

In der dritten Gruppe gibt es keine Götter mehr. Die Polarlichter werden mit Dingen aus der Natur in Verbindung gebracht: besonders häufig mit Eis, außerdem mit Vulkanen, Meereswogen, Sonnenlicht und Feuer jeglicher Art, auch mit Tieren: Feuerfüchsen oder anderen Fabeltieren, Fischschwärmen, Walfischen.

Die letzte Gruppe sieht die Polarlichter als Vorhersagen. Es wird der Wind oder das Wetter bestimmt oder ein reicher Fischfang vorhergesagt, das rote Licht gilt als der Künder von Kampf und Krieg. Es fällt auf, dass das Polarlicht desto drohender wahrgenommen wird, je größer die Entfernung zum Pol ist. Die meisten Vorhersagen sind in kurzen Sätzen gefasst, und es ist zu vermuten, dass hier ältere Erzählungen verloren gegangen sind.

In allen Gruppen finden wir Texte, in denen die Polarlichter mit Geräuschen oder Tönen in Verbindung gebracht werden, die Maori erzählen auch von einem Geruch. Diese Phänomene können naturwissenschaftlich nicht direkt bestätigt werden.

Die Ähnlichkeit der Deutungen legt nahe, an einen gemeinsamen Ursprung der Überlieferungen zu denken, eine immer wieder diskutierte Theorie, oder an Kontakte durch Wanderungen. Diese sind jedoch nur bei benachbarten Völkern möglich. Da die meisten der Polarlichter beobachtenden Menschen auf verschiedenen Kontinenten leben, scheint die globale Gemeinsamkeit der Lichtphänomene diese Ähnlichkeiten bewirkt haben.

2
Polarlichter in der Geschichte

Um Ereignisse historisch zu erfassen, müssen verschiedene Voraussetzungen erfüllt sein. Die Begebenheit soll sich in einem bestimmten Raum abspielen, der Zeitpunkt soll erfasst und die Ausführenden sollen genannt werden. Wenn man diese Kriterien für Polarlichtbeobachtungen in frühen Zeiten anwendet, so wird klar, dass hier die Bezeichnung „historisch" nur eingeschränkt angewendet werden kann. Dennoch unterscheiden sich die folgenden Nachrichten von denen, die in Mythen, Sagen oder Erzählungen tradiert sind, denn sie weisen mindestens eine dieser Angaben auf.

Auf der Südhalbkugel der Erde gab es erst im 18. Jahrhundert n. Chr. Seefahrer, die ihre Beobachtungen schriftlich niederlegten. Die ersten historisch fassbaren Beschreibungen stammen deshalb aus Regionen der Nordhalbkugel, die ältesten aus China.

2.1 Frühe Beschreibungen aus China

Die früheste Erwähnung, die vielleicht ein Nordlicht betraf, stammt aus dem dritten Jahrtausend v. Chr., der Pre-Shang-Periode. Der darin genannte Gelbe Kaiser war eine mythische Gestalt aus dem Nordosten Chinas. Er vereinigte verschiedene Stämme in seinem Reich, das zu einem Vorläufer des ersten historischen chinesischen Reiches wurde. Als Quelle dieser Beschreibung gilt der *Di Wang Shi Ji*, die Chronologie der Kaiser, geschrieben von Huangfu Mi. Dieser Autor lebte von 215–282 n. Chr., bezog sich jedoch auf frühere Texte. Einer von ihnen lautet:

> Die Mutter des Gelben Kaisers Xuanyuan hieß Fubao. Einst sah sie große blitzende Bögen um den Stern Shu im Sternzeichen Beidou. Glänzendes Licht schien über die Felder. Fubao wurde anschließend schwanger.

Durch den Bezug auf den Gelben Kaiser wird ein Zeitraum angegeben, für eine reale Beobachtung spricht die Richtung Norden, denn der genannte Stern befindet sich im Sternzeichen Großer Bär. Die blitzenden Bögen und das glänzende Licht weisen auf helles Nordlicht hin. Durch die Verbindung mit einer kaiserlichen Schwangerschaft wird die Beobachtung in einen Mythos eingebunden.

Die fünf weiteren Texte aus dem *Di Wang Shi Ji*, die auf Polarlichter deuten könnten, weisen kaum realen Bezug auf. Dasselbe gilt für zwei Texte aus dem *Shan Hai Jing*, dem Buch der Berge und Meere.

Es gibt jedoch auch genauere frühe Beobachtungen aus China, denn hier hatte jeder kaiserliche Hof in seiner Hauptstadt ein nationales astronomisches Observatorium eingerichtet. An ihm studierten Spezialisten und schrieben die Daten der Himmelserscheinungen in offiziellen Büchern nieder, dazu den Ort, die Formen, Farben und Be-

2 Polarlichter in der Geschichte

Abb. 2.1 „Reunited", Gemälde von Dawn Oman, Kanada

wegungen. Das macht diese Niederschriften so wertvoll. Neben Nordlichtern findet man auch Beschreibungen von Kometen, Meteoren und anderen Erscheinungen. Eine andere frühe, jedoch nicht eindeutige Beschreibung eines Nordlichts stammt aus dem Jahr 687 v. Chr., umgerechnet aus dem chinesischen Kalender:

> In der Nacht sah man sonst immer erscheinende Sterne nicht. Sterne fielen wie Regen. (Ch'unch'iu, 7. Jahr der Regierung Chankungs)

2.2 Polarlichter in der Bibel

Die ältesten Bezüge eines biblischen Textes zu einer Polarlichterscheinung finden wir im Alten Testament, dem heiligen Buch der Juden und Christen. Eine Stelle im Buch Ezechiel (1:1–28) deutet auf eine reale Beobachtung des Propheten hin. In dem Text spricht Ezechiel von der babylonischen Gefangenschaft der Juden, also im Zweistromland von Euphrat und Tigris, im 6. Jahrhundert v. Chr. Durch den in der Bibel genannten Fluss Kebar ist die Erscheinung zu lokalisieren.

> Dort kam über mich die Hand Jahwes. Ich schaute, und siehe, ein Sturmwind kam von Norden und eine große Wolke, rings von Lichtglanz umgeben, und loderndes Feuer, und aus seinem Innern, aus der Mitte des Feuers, leuchtete es hervor wie Glanzerz. Mitten aus ihm heraus wurde etwas sichtbar, das vier lebenden Wesen glich.

Nun beschreibt Ezechiel ausführlich das Aussehen der vier Wesen: Sie hatten Menschengestalt, jedoch hatte jedes vier Gesichter und vier Flügel, die Fußsohlen waren die eines Kalbes. Als Gesicht hatte jedes Wesen ein Menschen- und ein Löwengesicht, zur Rechten und zur Linken ein Stier- und ein Adlergesicht.

> Inmitten der Lebewesen sah es aus wie feurige Kohlenglut, wie wenn Fackeln zwischen den Wesen hin und her gehen, und hellen Schein verbreitete das Feuer, und von dem Feuer gingen Blitze aus.

Abb. 2.2 Vision des Ezechiel, aus: Die Bibel in Bildern, von Julius Schnorr von Carolsfeld (1794–1872). Bilder-Bibel, Leipzig

Es folgt die Beschreibung von vier glänzenden Rädern und einer wie Kristall leuchtenden Feste. Und Ezechiel hört auch Geräusche:

> Und wenn sie gingen, hörte ich das Rauschen ihrer Flügel, wie das Rauschen vieler Wasser, wie die Stimme Schaddais, ein brausendes Geräusch wie das Geräusch eines Heerlagers; wenn sie aber standen, ließen sie die Flügel sinken, und es gab ein Geräusch.

Diese Beschreibung, die auch „Vision vom Thronwagen" genannt wird, endet mit den Worten:

> Wie die Erscheinung des Bogens, der in den Wolken steht am Tag des Regens, so war die Erscheinung des Lichtglanzes ringsum. So sah das Schaubild der Herrlichkeit Jahwes aus.

Ein Feuer im Norden, der Lichtglanz von Wolken, die feurige Kohlenglut, Fackeln und Blitze sowie der Lichtbogen sind Elemente, die aus Polarlichtbeschreibungen bekannt sind. Jüngere Forschungen haben ergeben, dass die südliche geomagnetische Lage (letzter Absatz Kap. 6.3) von Babylonien nicht dagegen spricht, dass die Visionen des Propheten durch eine Aurora hervorgerufen wurden.

Der große italienische Dichter Dante Alighieri (1265–1321 n. Chr.) kannte diese Bibelstelle. In seinem Werk „Die göttliche Komödie" beschrieb er im 29. Gesang des Kapitels über das Fegefeuer eine Lichterscheinung mit anhaltendem Blitzen, Feuer, Leuchten und Licht heller als der Vollmond. Flämmchen rückten vor und zurück und hinterließen Farbstreifen am Himmel wie Banner. Hinter diesen folgten vier Tiere mit sechs Flügeln und sechs Argusaugen. Der Leser wird aufgefordert, das Buch des Ezechiel zu studieren.

Einige Wissenschaftler vermuten noch weitere Bezüge zwischen Texten des Alten Testamentes und Polarlichtern:

> Genesis 15:17. Als die Sonne untergegangen und dichte Finsternis eingetreten war, ging etwas wie ein rauchender Ofen und eine brennende Fackel zwischen diesen Stücken hindurch.

Jeremia 1:13. Und das Wort Jahwes erging zum zweiten Male an mich: „Was siehst du?" Ich antwortete: „Einen übersiedenden Topf sehe ich und sein Inhalt (drohend) von Norden her".

Sacharja (Zacharia) 1:8. Ich hatte eines Nachts ein Gesicht, und siehe, ein Mann stand zwischen Myrten im Talgrund, und hinter ihm waren braune, fuchsrote, schwarze und weiße Rosse.

2.3 Beobachtungen im antiken Mittelmeerraum

In südlichen geografischen Breiten erscheinen Polarlichter nur ein- bis dreimal innerhalb eines Jahrzehnts, sodass sie für die südlichen Bewohner ganz außerordentliche Ereignisse sind. Allerdings lassen einige detailreiche Beschreibungen darauf schließen, dass in der Antike die Erscheinungen im Mittelmeerraum vielfältiger waren (letzter Absatz Kap. 6.3). Schon in der griechischen Mythologie finden sich Texte, die auf Polarlichtbeobachtungen hinweisen. Äußere Wahrnehmungen wurden hier wie in den Mythen anderer Völker mit Visionen verflochten.

Als die erste gesicherte Polarlichtbeobachtung im antiken Griechenland gilt ein Text des Philosophen Anaxagoras, den Plutarch (45–125 n. Chr.) in seinem Buch *Lysander* (XII, 4) teilweise bewahrte. Laut Plutarch schrieb Anaxagoras um 467 v. Chr.:

> Fünfundsiebzig Tage hindurch wurde fortwährend in den Himmeln ein feuriger Körper von weit ausgedehnter Größe

gesehen, als wäre er eine flammende Wolke, die nicht an einem Orte ruhte, sondern mit verwickelten und regelmäßigen Bewegungen hinzog, sodass feurige Fragmente, abgebrochen durch ihren schießenden und unsteten Verlauf, in alle Richtungen getragen wurden und feurig flammten, genau wie schießende Sterne es tun.

Der griechische Philosoph Aristoteles (384–322 v. Chr.) war der erste, der Polarlichter selbst gesehen und beschrieben hat. Wahrscheinlich war Aristoteles Zeuge der heftigen Nordlichter der Jahr 349 und 344 v. Chr. Möglicherweise sah er auch in seinem späteren Aufenthalt in Mazedonien solche Ereignisse, denn dieses Land ist für Polarlichtbeobachtungen günstiger gelegen als seine griechische Heimat. Aristoteles gibt in seiner Schrift *Meteorologica* auch eine Erklärung für die Erscheinungen. Er theoretisierte, dass die Hitze der Sonne einen Dampf von der Erdoberfläche aufsteigen ließe und dieser mit dem Element Feuer kollidiere, sodass Feuer ausbrechen und das Nordlicht entstehen lassen:

> In klaren Nächten können manchmal Erscheinungen in den Himmeln gesehen werden, die sich am Himmel zeigen wie Chasmen, Gräben und blutrote Farben. Diese haben dieselbe Ursache. Denn wir haben gezeigt, dass die höhere Luft kondensiert und zu zündeln beginnt und dass ihre Flammen manchmal wie ein brennendes Feuer erscheinen. […] Der Grund für die kurze Dauer dieser Erscheinungen ist, dass die Verbrennung nur kurz währt.

Die frühesten von den Römern aufgezeichneten Nordlichter datieren in die Jahre 464–459 v. Chr.:

2 Polarlichter in der Geschichte

Der Himmel leuchtete von zahlreichen Feuern.

Die genauesten römischen Beschreibungen stammen aus dem ersten Jahrhundert nach Christus und kommen von Manilius, Plinius und Seneca. Sie erweiterten ihre Texte mit Details. So schrieb der römische Philosoph Seneca in seinen *Naturales Questiones* (I, 14.1–15.5):

> Es ist Zeit, kurz die atmosphärischen Feuer zu betrachten, von denen es verschiedene Arten gibt. Da sind Gräben umgeben mit einer Krone oder eine große kreisrunde Öffnung im Himmel. Da gibt es eine enorme runde Masse aus Feuer wie ein Fass, die an einer Stelle zuckt oder brennt. Es gibt Abgründe: manche Zonen des Himmels fallen herab und senden Flammen aus. Die Himmelsfarben sind zahlreich, manche sind sehr rot, manche blass und licht, manche sind weißlich, manche zuckend, manche einheitlich gelb und ohne Ausbrüche oder Strahlen.

Es gibt Zeitspannen, in denen besonders viel beobachtet wurde, und dann wieder Jahrzehnte, für die keine Beobachtungen niedergeschrieben wurden. Solche Lücken sind bei den Römern die Jahre zwischen 459 und 223 v. Chr. sowie die Jahre zwischen 91 und 49 v. Chr. Die dritte Lücke zwischen 76 und 185 n. Chr. fällt mit einer Phase allgemein geringer Geschichtsschreibung zusammen. Man kann jedoch nicht eindeutig klären, ob diese beobachtungsschwachen Zeiten durch fehlende Überlieferungen verursacht sind oder durch besonders ruhige Phasen der Sonne, die das Polarlicht steuert (Kap. 7).

2.4 Beschreibungen aus dem Mittelalter

Seit Jahrhunderten wird von Wissenschaftlern versucht, möglichst alle Polarlichtbeobachtungen zu erfassen und in Katalogen zu ordnen. Im Jahr 1873 vollendete der deutsche Forscher Hermann Fritz (Kap. 4.4 und 5.2) einen besonders umfangreichen Katalog mit Hinweisen aus ganz Europa, auch einige chinesische Berichte wurden verwendet.

In den Jahren 503 v. Chr. bis zum Jahr 0 fand er 18 Belege, für die Jahre 0 bis 500 n. Chr. fand er 11 Belege, 95 Belege gibt es für die Jahre 500 bis 1000 n. Chr. und 115 Belege fand er für den Zeitraum von 1000 bis 1500 n. Chr.

Die meisten mittelalterlichen Texte stammen aus Chroniken, sie sind in Latein geschrieben, knapp gefasst und weisen nur selten Details auf. Bildliche Darstellungen zu diesem Thema gab es nicht.

378. n. Chr.:

> In diesem Jahr sind in der Luft mit Waffen versehene Männer gesehen worden, die aus Wolken geformt waren. (*Chronographia* des Theophanus)

563 n. Chr.:

> … und ein brennender Himmel wurde gesehen. (Gregor von Tours)

2 Polarlichter in der Geschichte

567 n. Chr.:

Im Folgenden wurden in Italien in der Nacht schreckliche Zeichen gesehen, da erschienen am Himmel brennende Spitzen. (*De gestis Langobardorum* des Paulus Diaconus)

774 n. Chr.:

In diesem Jahr erschien ein rotes Kreuz nach Sonnenuntergang am Himmel; ... und wundersame Schlangen wurden in Angelsachsen gesehen. (*Anglosaxon chronicle*)

786 n. Chr.:

Und sechs Tage vor der Geburt Christi gab es Donnerschläge und Blitze [...] und während der Nacht erschien ein Himmelsbogen in den Wolken. (*Annales Francorum*)

1014 n. Chr., 29.10.:

Unheilvolle und doch staunenswerte Dinge erschienen in den III. Kalenden des Oktober in Teilen der Walachei und Flanderns: schreckliche Wolken sind erschienen, die während dreier Nächte auf seltsame Weise Drohungen überbrachten. (*Annalista Saxo*)

1074 n. Chr.:

In der vergangenen Nacht haben zur Zeit des Hahnschreis viele Menschen einen himmlischer Bogen am klaren Himmel gesehen. (*Annales Lamberti*)

1351 n. Chr.:

Und eine breite Flamme […] erschien am Himmel, die ein schreckliches Feuer anzeigte, und zugleich durchzog ein großes Murmeln den Himmel. (*Magnum Chronicon Belgicum*)

1401 n. Chr.:

Im Monat August in der Nacht, am Abend der Himmelfahrt Marias, von Mitternacht bis zum Tageslicht, erschienen Säulen, und ihre oberen Enden waren wie Blut; es war sehr erschreckend sie zu sehen. (Nach einer russischen Chronik)

1506 n. Chr.:

Im Gebiet von Aretrium wurden große Truppen von bewaffneten Männern auf mächtigen Rossen gesehen, begleitet von schrecklichem Lärm von Trompeten und Trommeln. (nach Short, Th.: *General chronological History*, 1749)

Durch die verstreuten chronikalischen Belege wird deutlich, dass Polarlichter in Mitteleuropa selten wahrgenommen wurden. Auffällig ist, dass keine Erklärung für die seltsamen Himmelserscheinungen versucht wurde. Aus der Neuzeit haben wir viele weitere chronikalische Nachrichten über Himmelsbeobachtungen, dazu kommen jetzt Beobachtungen von Naturwissenschaftlern, deren Aussagekraft höher ist. Weitere Belege für Polarlichtbeobachtungen in der Vergangenheit zu finden, ist noch heute ein Anliegen der Wissenschaft.

2.5 Hörbares Licht

In den Texten von 1351 und 1506 ist von Geräuschen die Rede, von einem Murmeln und von einem schrecklichen Lärm von Trompeten und Trommeln. Ähnliche Beschreibungen finden sich auch in den Mythen und Sagen, die im ersten Kapitel aufgeführt wurden.

Geräusche als Begleiter von Nordlichtern werden von Naturwissenschaftlern angezweifelt, denn Mythen, Märchen und Sagen sind mit ihrer Vermischung von Wirklichkeit und Fantasie kein gutes Beweismittel.

Doch schon aus dem Jahr 423 v. Chr. wurde aus China berichtet, dass man Feuer fallen sah und Töne wie von einer Trommel hörte. Auch im eingangs zitierten Text des Ezechiel findet man Hinweise auf Geräusche. In den noch folgenden gelehrten Beschreibungen des 18. Jahrhunderts wie auch in den Nachrichten von Entdeckern gibt es ebenfalls solche Hinweise. Viele Menschen in nördlichen Ländern erzählen noch heute, dass intensive Nordlichterscheinungen von Geräuschen begleitet werden, etwa von einem Zischen und Knistern, als ob jemand über das Eis laufe oder auch wie eine flackernde Fahne im Wind. Die Samen in Lappland gaben Nordlichtern unter anderem den Namen „*guovsahas*", was so viel wie „das hörbare Licht" bedeutet. Wie die Naturwissenschaftler heute Geräusche während eines Polarlichtes zu erklären versuchen, wird in Kapitel 6.4 erläutert.

2.6 Der norwegische Königsspiegel

In nördlichen Ländern kann heute in bestimmten Phasen der Sonnenaktivität (Kap. 7) das Nordlicht fast täglich beobachtet werden, es ist den Bewohnern wohlvertraut. Eine besonders günstige geografische Lage für Nordlichter weist zurzeit Norwegen auf. Doch es ist schwierig, in den nordischen Heldensagen hiervon Spuren zu finden. Das gilt sowohl für die ältere Edda (um 1220) mit ihrer nordischen Heldendichtung als auch für die jüngere Edda (um 1270). Wissenschaftler diskutieren noch heute (Kap. 6.3), warum es keine deutlicheren Belege für Polarlicht in diesen alten Schriften gibt.

Jedoch findet man in einem Text, der um 1250 in Norwegen entstanden sein muss, gleich drei Erklärungsversuche. Diese wurden im „Königsspiegel" niedergeschrieben, eine Schrift, die in Anlehnung an die Fürstenspiegel des Mittelalters abgefasst wurde. Der Verfasser war wahrscheinlich ein Geistlicher, vermutlich ein Erzbischof. Der Grundgedanke des Königsspiegels ist, dass das Verhalten des Königs und seiner Gefolgschaft Vorbild für die ganze Gesellschaft sein soll. Die Gedanken entwickeln sich in einem Gespräch zwischen einem weisen Vater und seinem wissbegierigen Sohn. Der erste Teil behandelt das Leben eines Kaufmannes und Seefahrers, im zweiten beschäftigt sich der Vater mit den Eigenschaften, die ein König haben soll. Charakterisiert werden diese durch zahlreiche Beispiele aus der Bibel, die zur Belehrung dienen. Im Abschnitt über fremde Länder sagt der Vater:

2 Polarlichter in der Geschichte

Du hast mehrfach gefragt, was das sein mag, das die Grönländer Nordlicht nennen: Ich bin hierin keineswegs besonders kundig, ich habe oft Leute getroffen, die lange Zeit in Grönland gewesen sind und mir doch nicht schienen, wirklich Bescheid zu wissen, was es ist.
Es sieht so aus, als erblicke man die große Lohe eines mächtigen Feuers aus weiter Ferne. Daraus schießt es auf in die Luft mit scharfen Strahlen ungleicher Länge, die sehr unruhig sind und sich übereinander erhöhen, und dieses Licht flimmert vor dem Blick wie eine flackernde Flamme. Wenn diese Strahlen am höchsten und hellsten sind, da geht von ihnen ein solches Leuchten aus, dass die Leute, die sich im Freien befinden, wohl ihres Weges ziehen können. […] Doch dieses Licht ist so veränderlich, dass es manchmal dunkler zu sein scheint, als wenn dazwischen ein schwarzer Rauch aufwallte oder ein dichter Nebel, und es sieht da ganz so aus, als würde das Licht in dem Rauch erstickt, sodass es im Verlöschen sei.

Auffällig ist bei diesem Text, dass weder der Vater noch der Sohn ein Nordlicht aus eigener Anschauung kennen, obwohl sie in Norwegen lebten. Der Vater verweist vielmehr auf Berichte aus Grönland, aber auch dort schien man nicht besonders kundig zu sein. Bei den dort beschriebenen Nordlichtern wird das Bild eines mächtigen Feuers herangezogen, das mit den Farben Gelb und Rot in Verbindung steht. Für das Mittelalter ungewöhnlich, bringt der Vater gleich drei mögliche Erklärungen des Phänomens. Er geht dabei von dem damals gültigen geozentrischen Weltbild aus, wobei die Erde eine Scheibe ist und die Sonne sie umkreist:

> Einige sagen, ein Feuer umziehe die Meere und alle die Gewässer, die außen um die Erde fließen. Weil nun Grönland am äußersten Rande der Welt nach Norden liegt, so sagen sie, es könne sein, das Licht nehme seinen Schein von dem Feuer, das rings um die äußersten Meere sich windet.
> Andere haben auch behauptet, dass zu der Zeit, wenn der Lauf der Sonne unter der Erde in der Nacht vor sich geht, dass ein gewisser Schimmer von ihren Strahlen auf den Himmel fallen könne.
> Dann sind wieder andere, die vermeinen – und das dürfte nicht für ganz unwahrscheinlich gelten –, die Eismassen und der Frost ziehen so viel Kraft an sich, dass davon dieser Schimmer ausstrahle.

Der Vater betont abschließend, dass er nur diese drei Erklärungen kenne, dass er keine für wahr erklären könne, aber dass die Letztere ihm am wahrscheinlichsten gelte. Diese Idee, dass Schnee und Eis Licht von der Sonne aufnehmen, das dann als Nordlicht strahle, war neu; sie beeinflusste viele spätere Autoren und auch die Volkserzählungen. Auffällig ist auch die Erwähnung eines dunklen Rauches, die man auch in anderen Texten findet (Kap. 6.1).

Erst aus dem 16. Jahrhundert hat man Nachrichten, dass das Polarlicht im Süden Norwegens zu sehen war. Der norwegische Pfarrer Peder Claussön Friis berichtete, dass in seinen Kinderjahren, ungefähr um 1500, es nur im Süden Norwegens beobachtet worden sei. Seit dem Jahr 1570 jedoch steige es so hoch am Himmel, dass es im Südosten und Süden bemerkt werden könne. Dies ist ein Beleg dafür, dass um 1570 besonders viele Nordlichter in Mitteleuropa zu sehen waren, wie im nächsten Kapitel dargestellt wird. Es ist allerdings verwunderlich, dass der Pastor von Südnorwegen aus keine Lichterscheinungen im Norden gesehen hat, sondern nur im Süden. Eine andere Lage der Nordlichtzone und des Polarlichtovals (Kap. 6.3) bietet eine mögliche Erklärung. Im Jahr 1716 jedoch nennt der Bischof Spidberg das Land Norwegen, insbesondere die Provinz Trondheim, das Vaterland des Nordlichts.

2.7 Botschaften des Unheils

Schon bei den Griechen des 5. und 4. Jahrhunderts wurden Natur- und Himmelserscheinungen sowie Vogelzeichen und Eingeweideschau als Voraussagen gedeutet, die Einfluss auf die Kriegsführung hatten. Bei den Römern wurden die Wunderzeichen als Nachrichten empfunden, die den Zorn der Götter verkündeten. Das Besondere dieser römischen *Prodigien* war, dass sie als Staatsangelegenheiten galten, die vom Senat verwaltet wurden. Die Verbindung zwischen Vorzeichen und Ereignis konnte durch öffentliche Buße und Sühne durchbrochen und damit das Unheil abgewendet werden. Der Glaube an die Aussagekraft der Wunderzeichen war bei vielen Völkern und zu allen Zeiten lebendig, auch Nordlichterscheinungen wurden als solche gedeutet.

Bis zum Ende des Mittelalters waren Berichte über Himmelserscheinungen meist kurz gehalten. Sie wurden von Mönchen niedergeschrieben, die die Ereignisse der Vergangenheit festhalten sollten. Ein Problem war, dass es noch keine einheitlichen und allgemein benutzten Namen für das Polarlicht gab. So waren folgende Bezeichnungen üblich,

Abb. 2.3 Flugblatt von 1587, Zentralbibliothek Zürich, Graphische Sammlung, PAS II, 24/1

die man auf verschiedene Weise ins Deutsche übertragen kann: *acies, ictus, hastae, radii, signa, nubes* und *caelum ardens*.

Die Humanisten verwendeten zur Bezeichnung der Nordlichter das griechische Wort *chasma*, das Aristoteles in seiner *Meteorologica* benutzt hatte. Es bedeutet eigentlich Spalt oder Abgrund, den Aristoteles am Himmel zu sehen glaubte. Auch der römischen Enzyklopädist Plinius definierte um 79. n. Chr. *chasma* im zweiten Buch seiner *Naturalis historia* als feurigen Spalt am Himmel. Petrus Victorius verfasste 1583 eine *Chasmatologia*, in der er über das Chasma schrieb:

Wir nennens eine Brunst / eine Feuersklufft oder ein Feuerzeichen / darumb / das es sich nicht anders lest ansehen / als klobete der Himmel von einander / und würfe das feuer heraus/ wie aus einem schmelzoffen. / Ja das es nicht anders brennd als wenn einer ein hauffen Schweffel oder Pulver angezündet hette.

Im 15. und verstärkt im 16. Jahrhundert traten zu den faktischen Beschreibungen auch Projektionen auf die Lebensumstände der Menschen. Ihre Sorgen, Nöte und Ängste wurden nun als Zeichen gesehen, die als Voraussage für die Zukunft galten. Nordlichter, Meteore, Kometen, Nebensonnen und andere Himmelserscheinungen wurden als Unheilsboten gedeutet. Nicht die Ursachen der Erscheinungen fanden das Interesse, sondern die Deutungen.

Himmelserscheinungen, speziell Nordlichter, wurden die populärsten Prodigienzeichen bis ins 18. Jahrhundert. Aufzeichnungen darüber findet man weiterhin auch in den Chroniken:

1540, 3.1:

Dieses jahr den 3. Januarii des Abends wurde zu Hamburg ein Wunderzeichen am Himmel gesehen, und es erfolgten eine neu Krankheiten (*Chronica Hamburgense Ad. Trazigeri*)

1580, 10.11.:

Den 10. Novembris ist ein sehr schrecklich Chasma und feuerzeichen gewesen, darauf alsobald … Krankheit …

Friedrich von Schiller erinnert im achten Auftritt von „Wallensteins Lager", das während des Dreißigjährigen Krieges spielt, an das Nordlicht als Vorzeichen, als er einen Kapuzinermönch sagen ließ:

> Am Himmel geschehen Zeichen und Wunder,
> Und aus den Wolken blutigrot,
> Hängt der Herrgott den Kriegsmantel 'runter.

> Datierbare Nordlichterscheinungen kennen wir zuerst aus China. Sie weisen zunächst mythische Züge auf, werden jedoch ab dem 7. Jahrhundert v. Chr. präziser. Auch das *Alte Testament* weist einen datierbaren Text aus, jedoch ist die Bibel als historische Quelle ein umstrittenes Buch. Seit dem 5. Jahrhundert v. Chr. gibt es bei einigen griechischen und römischen Philosophen weitere Hinweise auf Nordlichtbeobachtungen, von denen diejenigen des Aristoteles große Bedeutung bekamen.
>
> Das Mittelalter war in Europa durch das christliche Denken und das christliche Weltbild geprägt. Nordlichtbeobachtungen findet man vereinzelt in Chroniken, die meistens in den Klöstern gefertigt wurden. Es gibt nur selten Einzelheiten und keine Erklärungsversuche. Im späten Mittelalter werden alle Himmelserscheinungen verstärkt als Deutungen kommenden Unheils gesehen.
>
> Einzigartig für seine Zeit ist der um 1250 in Norwegen abgefasste *Königsspiegel*, in dem gleich drei Deutungsmuster niedergeschrieben wurden. Der Einfluss des dritten Erklärungsversuchs reicht bis in die Neuzeit.

3
Wunderzeichen auf Flugblättern

In Mitteleuropa nahm das Prodigienwesen im 16. Jahrhundert einen großen Aufschwung. Ein Grund war eine Veröffentlichung des Conrad Wolffhart, genannt Lycostenes, der 1552 ein Buch über Wunderzeichen herausgab, das schon im 4. Jahrhundert entstanden war. Zusätzlich publizierte Wolffhart auch ein eigenes Wunderzeichenbuch. Die Zeitumstände des 16. Jahrhunderts waren besonders geeignet, die Menschen an Furcht erregende Prophezeiungen glauben zu lassen. Die Bauernkriege in Deutschland, die Kriege der protestantischen und katholischen Landesherren als Folgen der Schriften des Reformators Martin Luther, die Verunsicherung in Glaubensfragen, die Unterdrückung der Untertanen und die Zerstörung der Landschaften in diesen Glaubenskriegen ließen die Menschen erschaudern. Man glaubte, dass alle diese Missstände auf dem Zorn Gottes beruhten, der Zeichen am Himmel erscheinen ließ, um die Menschen zur Umkehr zu mahnen.

3.1 Entstehung der Flugblätter

Durch die Erfindung des Buchdruckes durch Johannes Gutenberg wurde die Möglichkeit geschaffen, kürzere Texte sowie ganze Bücher schnell zu vervielfältigen. Bisher konnte das nur durch langwieriges Abschreiben durch speziell geschulte Schreiber, vor allem durch Mönche und Nonnen, geschehen.

Als ein Nebenprodukt der Buchdruckerkunst erschienen im letzten Drittel des 15. Jahrhunderts Flugblätter und Flugschriften, die sich rasch für die Verbreitung von Nachrichten in Wort und Bild etablierten. Die große Bekanntheit, die verschiedene Himmelserscheinungen und andere meteorologische Besonderheiten im 16. Jahrhundert erfuhren, lässt sich auf dieses Medium zurückführen. Beim Flugblatt wie bei der Flugschrift handelt es sich um Gelegenheitsschriften, die mit dem Anspruch von Aktualität auftraten. Flugschriften sind Heftchen oder Büchlein, die durch Falten eines Papierbogens entstehen. Die für die Verbreitung von Wunderzeichen viel bedeutenderen Flugblätter bestehen nur aus einer offenen Seite, die in den meisten Fällen Bild und Text enthält. Die Bilder entstanden als Holzschnitt, Kupferstich oder Radierung durch dafür speziell ausgebildete Künstler. Sie wurden schwarz-weiß gedruckt, manchmal nachträglich koloriert. Im 16. Jahrhundert dominierte der Holzschnitt, im 17. Jahrhundert gewann der Kupferstich an Bedeutung. Sie waren zwischen 25 cm und 40 cm hoch und 25 cm bis 35 cm breit.

Die Autoren wendeten sich an ein heterogenes Publikum mit der Absicht, die Meinungen und das Verhalten der Leser in ihrem Sinn zu beeinflussen. Sie müssen als aktuelles

3 Wunderzeichen auf Flugblättern

Tagesschrifttum stets im Kontext der Zeitumstände, der Entstehungsbedingungen und der Wirkungsabsicht gesehen werden. Die Reformatoren Luther und Melanchthon setzten ihre Argumente auch durch Veröffentlichung von Flugblättern durch.

Flugblätter waren damals noch keine Massenkunst, sondern ein Medium, das sich an die des Lesens fähige Oberschicht sowie die städtischen Mittelschichten wandte. Eine weite Verbreitung geschah dadurch, dass sie durch Zeitungssänger an öffentlichen Orten ausgerufen und gehandelt wurden. Nach dem Erwerb gingen sie von Hand zu Hand, auch wurden sie als Wandschmuck in Wirtshäusern der Öffentlichkeit zugänglich. Die Auflage der einzelnen Drucke schwankte zwischen 1000 und 2000 Exemplaren, der Preis entsprach etwa dem Stundenlohn eines Handwerkers.

Schon im 16. Jahrhundert begann man, Sammlungen von Originalen solcher Flugblätter anzulegen, die berühmteste Kollektion, genannt *Wickiana*, ist diejenige des Johann Jacob Wick in Zürich. Im 20. Jahrhundert wurden Publikationen veröffentlicht, z. B. von Bruno Weber (1972), Wilhelm Hess (1973) und Gerhard Bott (1982), in denen Abbildungen von Nordlichtflugblättern vorhanden sind. Besonders aufwendig im Folioformat gestaltet ist die Reihe „Deutsche Illustrierte Flugblätter des 16. und 17. Jahrhunderts". Die hier abgebildeten Flugblätter sind schon in der *Wickiana* gesammelt und in den Bänden VI (2005) und VII (1997) dieser Reihe abgedruckt und kommentiert worden.

Durch die Druckerzeugnisse wurde im Laufe des 16. Jahrhundert das Erscheinen von Nordlichtern einem breiten Publikum bekannt. Die älteste gedruckte Nordlichtbeschreibung erschien am 11. Oktober 1527. Diese Himmelserscheinungen tauchten in Mitteleuropa in der zweiten Hälfte des 16. Jahrhunderts besonders häufig auf.

3.2 Kampf und Gewalt

Als Zeichen von Kampf und Gewalt wurden Nordlichter schon in mythischen Zeiten gesehen. In den Flugblättern gelten sie als Wunderzeichen, die auf das Jüngste Gericht hinweisen. Kampf und Gewalt gehören zu den drei Hauptplagen Krieg, Teuerung und Pest, welche die Menschen als Folge ihrer Untaten heimsuchen. In dem von Hans Glaser in Nürnberg gedruckten Flugblatt:

> Ein erschröckliches und warhafftiges Wunderzeichen welches den XXIIII. Julii dieses LIIII. Jars am Himel gesehen ist worden

berichtet der Text über das Geschehen, das am 24. Juli 1554 am Nachthimmel über Schloss Waldeck bei Kemnath in der Oberpfalz beobachtet wurde (Abb. 3.1). Man habe zunächst gesehen, wie in einem Zweikampf der kleinere Streiter niedergeschlagen worden sei. Anschließend sei der größere auf einem Sessel sitzend erschienen und habe drohend sein Schwert über den Kleineren geschwungen. Nach einer Beschreibung des Kampfes befasst sich der Text mit der Deutung des Himmelszeichens, das Gott gesandt habe. Mit ausgiebigen Zitaten aus der Lutherbibel untermauert der Autor den Glauben von den zwei Gerichten Gottes. Das erste vollziehe sich auf der Erde mit Gewalt, Aufruhr und Mord und sei als Vorbote des Jüngsten Tages anzu-

3 Wunderzeichen auf Flugblättern

Abb. 3.1 Flugblatt von 1554, Zentralbibliothek Zürich, Graphische Sammlung, PAS II, 2/13

sehen, das zweite folge am Weltenende. Das Himmelsbild solle die Menschen anhalten, Buße zu tun, um am Ende der Zeiten bei Christus dem Weltenrichter Gnade zu finden.

Diese Deutung wird durch bildnerische Mittel unterstützt. Wolkentürme umrahmen drohend das Bild. Auf der linken Seite kämpfen zwei in Ritterrüstungen gekleidete Krieger miteinander. Auf dem Harnisch tragen sie einen Stern, statt Schwertern schwingen sie züngelnde Flammen, aus ihren Kniekehlen und Armbeugen schlagen kleine Flammenbündel. Der linke Kämpfer scheint kurz vor dem Zusammenbruch zu stehen. Der Sieger des Kampfes erhebt drohend sein Feuerschwert über den am Boden liegenden Besiegten. Laut Text ist die rechte Bildszene nach der vorherigen erschienen. Die Darstellung wird als Vorbote des Jüngsten Gerichtes gesehen, es halte die Menschen an, Buße zu tun. Eine andere Deutung sieht Christus selbst auf dem Thron sitzend als apokalyptisches Symbol. Möglich sind auch aktuelle Bezüge auf regionales Kriegsgeschehen der Zeit.

3.3 Krieg und Getöse

In diesem Flugblatt (Abb. 3.2) erfährt man von einer seltsamen Himmelserscheinung, die sich am 11. Juni (Brachmonat) des Jahres 1554 in dem Ort Plech bei Nürnberg zugetragen haben soll. Das Blatt wurde im selben Jahr zu Nürnberg von Thiebold Berger gedruckt.

> Im M.D.L.IIII. Jar den XI. tag des Brachmonats ist dis gesicht oder zeychen zum Blech fünf meyl von Nürnberg gelegen von vilen menschen gesehen worden der gestalt wie hernach folget.

Abb. 3.2 Flugblatt von 1554, Zentralbibliothek Zürich, Graphische Sammlung, PAS II, 12/6

Im Zentrum des Bildes stürmen zwei bewaffnete Reitertruppen gegeneinander, die hintereinander gestaffelt sind. Sie schwingen Fahnen, Spieße und Streitkolben und sind offenbar zum Kampf bereit. Die meisten sind mit Brustharnisch, Kettenhemd und Helm gerüstet, einige tragen einen Hut. Unterhalb der Reiter liegen zwei gestürzte Pferde und ein Reiter. Um die Szene ist ein Wolkenband wie ein Rahmen geschlungen. Im Zenit steht eine dunkle Sonne mit einem Gesicht, durch das ein Zweig verläuft. Fünf große Sterne sind im Halbkreis unter der Sonne angeordnet.

Der Text schildert, dass bei Sonnenaufgang ein blutiger oder feuriger Streifen durch die Sonne gelaufen sei und sich dann verzogen habe. Nach dieser Erscheinung wurden blaue Sterne oder Kugeln in der Größe von Fassböden gesehen, danach kamen die Reiter mit blauen Fahnen. Sie hätten ein bis zwei Stunden mit langen Spießen gegeneinander gefochten. Die Sterne seien vor den Reitern hergefahren und bis zum Erdboden gekommen, was schrecklich anzusehen war. Die Menschen glaubten, das Jüngste Gericht werde kommen. Als Sterne und Reiter zum Markt gekommen seien, gab es ein Fallen und Rauschen, als wäre etwas in ein Wasser geplumpst. Danach habe sich alles gegen die Sonne gehoben, die Reiter hätten noch zwei Stunden weiter gekämpft. Der zweite Teil des Textes ermahnt die Gottesfürchtigen, Gott zu lieben und sich an den Herrn Jesu zu erinnern. Die Gesichter am Himmel seien Zeichen für Gottes Zorn. Dieser komme nicht über ein Land oder ein Volk, sondern über alle Welt. Die Menschen sollten der Ankunft der Posaunen gewärtig und von herrlichem Wandel und gottseligem Wesen sein, sodass sie zum Tag des Herrn eilen könnten, in welchem der Himmel vor Feuer zergehe und die Elemente vor Hitze zerschmelzen.

Die Deutung der Himmelserscheinung gibt Rätsel auf. Laut Text hat sie nach Sonnenaufgang stattgefunden. Sie könnte ein Meteor gewesen sein, dessen Flugbahn kurzfristig das Bild der Sonne überquerte. Dazu passt das Geräusch, „als wäre etwas ins Wasser geplumpst". Die schnellen Bewegungen am Himmel, symbolisiert durch die galoppierenden Pferde, die schwingenden Fahnen, die Spieße und die Dauer von über zwei Stunden deuten eher auf ein Nordlicht hin. Gegeneinander reitende Kampftruppen sind mehrfach als Verbildlichung eines Nordlichts verwendet worden, auch ist Blau bei Nordlichtern zu beobachten (Abb. 6.5). Auf ein Nordlicht deuten die Geräusche, als ob etwas falle oder rausche. Vieles spricht dafür, dass das Flugblatt zwei Himmelserscheinungen, nämlich einen Meteor und ein Nordlicht, abgebildet hat, die vielleicht kurz hintereinander stattgefunden haben.

Geräusche während der Nordlichterscheinungen werden mehrfach auf Flugblättern beschrieben. Es wird von einem Brausen, Prasseln, Zischen oder Rauschen berichtet, oder es wird ein Vergleich mit dem Schießen von Gewehren oder dem Rasseln von Rüstungen gezogen (Kap. 2.5). Diese hörbaren Erscheinungen erregten wie die ungewohnte Helligkeit die Aufmerksamkeit der Menschen.

3.4 Feuer

Dass Nordlichter sehr häufig als Zeichen von Feuer gedeutet wurden, lässt sich dadurch erklären, dass Menschen unbekannte Sinneseindrücke auf etwas Bekanntes, schon im Gedächtnis Gespeichertes zurückführen. Das Nordlicht vom 28. Dezember 1560 (Abb. 3.3) ist eine Erscheinung, die in

Abb. 3.3 Flugblatt von 1560, Zentralbibliothek Zürich, Graphische Sammlung, PAS II, 1/16

mehreren Flugblättern und zahlreichen Texten erfasst wurde. Es zählt zu den „großen Nordlichtern", Johann Wick wurde durch dieses Ereignis zu seiner Sammlung angeregt. Das Flugblatt wurde zu Nürnberg durch Georg Merckel ein Jahr später, also im Jahr 1561, gedruckt. In anderen Fassungen werden Beobachtungen zum 28. Dezember 1561 genannt, wobei wahrscheinlich das Druckjahr zum Beobachtungsjahr gemacht wurde. Die Überschrift lautet:

> Ein grausamb und erschröcklich wunderzeychen so am 28. tag decembris im LX jahr zu Eckesheym ein meil wegs von Forchheym geschehen ist.

Im Text wird von einer großen, breiten Feuerlanze berichtet, wie eine Feuersbrunst, die eine Stunde gedauert habe, sodass man Sturm läuten musste. Sie sei auch an anderen Orten zu sehen gewesen. Der liebe Gott wolle damit anzeigen, dass er ein herzliches Mitleiden mit den Menschen habe und nicht gern strafe. Gott wolle durch dieses Zeichen die Gottlosen zur Buße aufrufen. Letztlich wolle er die frommen Christen mahnen, sich vor Sünden und des Teufels Lüsten zu hüten und mit einem gläubigen Gebet bei Gott anzuhalten, dass Gott in solcher Strafe seiner Barmherzigkeit gedenke und nicht den Gerechten mit dem Ungerechten hinwegraffe.

Das Flugblatt wird von dem Holzschnitt beherrscht, der ein von einem Palisadenzaun umgebenes Dorf zeigt. Die Häuser sind niedrig und haben nur wenige Fenster, aus den Schornsteinen quillt der Rauch der Herdfeuer. Im Vordergrund steht ein Bauernpaar mit einem Kind, alle strecken die Arme weit nach oben und zeigen voll Schrecken an den Himmel. Auch die beiden Männer links von ihnen zeigen zum Firmament. Im Tor eines zerstörten Kirchturms steht ein Mann und läutet die Kirchglocke. Alle zeigen Bestürzung und Angst. Der Text des Flugblattes greift diese Angst der Menschen auf und gibt zugleich Hoffnung.

Entscheidend für die Wirkung des Flugblattes ist die drohende Gestaltung des Himmels. Zahlreiche dunkle Wolken ballen sich am Himmel, aus ihnen züngeln Feuerszungen zur Erde, die als Feuerlanzen bezeichnet werden. Sie haben fast die Häuser erreicht, diese brennen jedoch nicht. Die Ähnlichkeit der Abbildung mit den Erscheinungen eines Nordlichts ist groß. Dies wird auch durch Nachrichten in Chroniken bestätigt:

1560, XII 28

… vor tag röthe mit weissen streimen. (*Chronik von Guggenbühl*)

1560, XII, 28

… morgens um 6 Uhr ist ein feuer am Himmel gesehen worden, dass alle menschen vermeinten es sey zunächst in einem dorff. (*Chronique de Winterthur*)

Die Interpretation von Nordlichtern als Feuer ist uralt, da sie in mittleren und südlichen Breitengraden meistens in Rottönen zu sehen sind (Abb. 6.10). Diese Farben lenkten die Fantasie der Beobachter auf Feuer oder Blut. Bei dem Ereignis vom 28. Dezember 1560 müssen die Farben so intensiv gewesen sein, dass die Menschen von einem Brand ganz in der Nähe ausgingen.

3.5 Zeichen als Prediger

Die Formen von Nordlichtern werden heute verschieden klassifiziert (Kap. 6.1). Als *Corona* bezeichnet man eine Polarlichtform, bei der der Beobachter die einzelnen Strahlen in einem Punkt zusammenlaufen sieht (Abb. 6.6). Eine solche *Corona* wurde in einer Nordlichtbebachtung vom 6. März 1582 gesehen und in einem Flugblatt abgebildet (Abb. 3.4), der Begriff *Corona* war dem Beschreiber jedoch nicht geläufig. Das Flugblatt wurde zu Augsburg von Hans Schulte, Briefmaler und Formschneider, gedruckt und trägt den Titel:

> Warhafftige und erschröckliche Neue Zeytung so sich am Himmel erzeyget hat den 6. Martii Anno 1582 Jar ungefahlich von 9. biß auff 12. uhr gestanden.

Der Text beginnt mit den Worten:

> Es hat unser Herr Gott der nit ein Gott ist dem Gottloß wesen gefelt sonder hasset alle Ubelthäter große Zeichen am Himmel vorgehen lassen, um die Menschen zu warnen. Die Zeichen seien lebendige Prediger, die die Menschen zur rechtschaffenen Buße bringen sollen.

Schon am 10. September 1580 war ein ähnliches Himmelsphänomen gesehen worden, das zusammen mit dem hier abgebildeten zu den „lebendigen Predigern" gerechnet wird. Die Abbildung des Nordlichts beherrscht auch dieses Flugblatt von 1580. Vor dem Hintergrund mit der Stadt Augsburg mit Häusern und verschiedenen Türmen

Abb. 3.4 Flugblatt von 1582, Zentralbibliothek Zürich, Graphische Sammlung, PAS II, 19/4

stehen zwei Menschengruppen. Links stehen drei Männer, die zum Himmel blicken und sich zu beraten scheinen, rechts wandern zwei Männer zur Stadt. Die größte Fläche des Bildes nimmt die Darstellung des Nordlichtes ein, das an einen Fächer erinnert. Auf einem breitflächigen Holzschnitt flutet das Licht in eindrucksvoller Strahlenstruktur durch den nächtlichen Himmel auf die Erde. In einem dunklen Kreis steht der Sichelmond. Die Enden der Strahlen verdicken sich gegen den Bildrand und den Horizont zu riesigen Schweifen, die den Himmel wie ein Mantel umhüllen, hinter den Strahlen leuchten Sterne.

Bei schwachen *Coronen* ist es durchaus möglich, dass hinter dem Nordlicht Sterne zu sehen sind. Ein schwarzer Ring mit dem Mond in der Mitte entspringt dagegen wohl der Fantasie des Künstlers. In der *Wickiana* steht zu dieser Nordlichterscheinung ein handschriftlicher Prosabericht aus Zürcher Sicht geschrieben:

> Am 6. mertzen umb die siben nach mittag […] als ich zum fenster hinuß luoget, was der himmel gegen dem lindenthor gar bluotfarw, vermeint auch nit anders, dann es wer ein grosse brunst vorhanden, es schrey auch ab dem Münster thurm Victor Kezelz der Wächter, das meniklich des grossen wunderzeichens acht habe, und als ich mich in min studierstübly gangen, den laden uffthon, sah ich wol das nitt ein brunst, sunder der himel abermals brenne, wie auch vormals Anno 1560 den 28. Decembris. […] hernach am 8. tag Mertzen hat man abermals in der nacht und gegen tag wunderbarliche strijmen am himel gesehen […].

Auch dieser Schreiber aus Zürich, wahrscheinlich Pfarrer Rudolf Wirth, machte deutlich, dass die Farben am Himmel so kräftig waren, dass man an ein Feuer in unmittelbarer Nähe glaubte und der Nachtwächter vom Münsterturm schrie. Mit seiner Erwähnung des Nordlichtes vom 28. Dezember 1560 deutet er an, wie sehr dieses noch in der Erinnerung der Menschen war. Dagegen spricht er die im Flugblatt erwähnte Erscheinung vom 10. September 1580 nicht an. Nordlichter leuchten oft an mehreren Tagen hintereinander (Kap. 7.4), wie seine Beobachtung von einem zweiten Nordlicht am 8. März zeigt. Erst bei dieser zweiten Beobachtung nennt er Striemen oder Streifen, die an eine *Corona* erinnern.

Die Darstellungen auf den gezeigten Flugblättern lassen nicht immer eindeutig ein Nordlicht als Ursache erkennen, denn es gibt widersprüchliche Aussagen. Dabei muss man berücksichtigen, dass der künstlerische Gestalter im Allgemeinen nicht der Beobachter der Wunderzeichen war. Er hatte von dem Ereignis von Augenzeugen gehört, vielleicht auch nur von Freunden von Augenzeugen, vielleicht wurden auch mehrere Zeugenberichte vermischt. Schon dadurch ist eine gewisse Verfälschung wahrscheinlich. Auch war der Hersteller der Flugblätter auf hohe Verkaufszahlen bedacht, seine Produkte mussten auffällig sein, die Neugier erwecken und Augen und Ohren gefallen, denn sie wurden ja auf der Straße angepriesen und vorgesungen.

In der Wickiana wurden in dem Zeitraum zwischen dem 18. September 1547 und dem 11. Dezember 1587 insgesamt 64 Beobachtungen erfasst, die als Flugblatt oder als Manuskript erhalten sind. Dabei kann bei 26 Exemplaren mit ziemlicher Sicherheit gesagt werden, dass es sich um Nordlichter handelte. Entscheidend für die Bedeutung von Flugblättern für die kulturwissenschaftliche Forschung ist jedoch nicht, was Naturwissenschaftler in ihnen erkennen können, sondern was die damaligen Menschen in ihnen sahen.

Im 16. Jahrhundert wurden Nordlichter in Deutschland einem breiten Publikum bekannt. Dies geschah einmal dadurch, dass es in Mitteleuropa zwischen 1550 und 1590 zu einer Häufung von solchen Erscheinungen kam. Zum anderen förderte die Erfindung des Buchdruckes die Verbreitung von ungewöhnlichen Nachrichten. Besonders die anschaulichen und zugleich preisgünstigen Flugblätter waren ein beliebtes Medium für solche „Wunderzeichen am Himmel". Die Reformation und die nachfolgenden Glaubenskriege machten die Menschen zudem ängstlich und anfällig für schreckliche Botschaften. Sie sahen in den Nordlichtern, die häufig von roter Farbe waren, die Ankündigung von Krieg, Kampf und Gewalt, Krankheiten, Feuersbrünsten und vom Jüngsten Gericht. Andere interpretierten sie als Propheten Gottes, die durch ihr Erscheinen am Himmel die Menschen zur Rückkehr zu einem christlichen Leben führen wollten.

4
Vom Unheilsboten zum Forschungsobjekt

Im 16. Jahrhundert begann das Weltbild sich zu wandeln. Die Erde war keine Scheibe mehr, sondern eine Kugel; nicht sie stand im Zentrum, sondern die Sonne. An der Deutung von Polarlichtern als Unheilsboten änderte sich zunächst nichts, natürliche Erklärungen wurden erst allmählich in Betracht gezogen.

4.1 Neue Deutungen und Bezeichnungen

So schrieb Landgraf Wilhelm von Hessen im Jahr 1571 nach der Beobachtung eines Nordlichts, dass Naturforscher hiervon natürliche Erklärungen hätten, er aber an einen Vorboten von Blutvergießen und Pestilenzen glaube.

Nach dem Nordlicht vom 10. September 1580 berichtete der Nürnberger Jost Amman von Doktoren und Prädikanten, die meinten, die Erscheinung sei „der zyt halben" natürlich.

In einem weiteren Bericht zum Jahr 1580 gibt ein unbekannter Verfasser mehrere Erklärungsmöglichkeiten. Der Mondschein, das Sonnenlicht und die Wolken könnten nicht die Ursache gewesen sein. Als natürliche Erklärung käme ein *Chasma* infrage, das durch aufsteigende Hitze entstehe. Er bezog sich dabei wahrscheinlich auf die Theorie des Aristoteles. Aber der Autor verwirft auch diese und erklärt das Ganze als göttliches Zeichen.

Auf einem Flugblatt zu einem Nordlicht im Jahr 1577 liest man von kritischen Äußerungen zum angeblichen Gotteszeichen. Stärker noch wird in einem Flugblatt von 1582 darauf hingewiesen, dass die Menschen die Zeichen am Himmel nicht mehr ernst nehmen würden, weil sie so oft erschienen seien. Es wird deutlich, dass ein Gewohnheitseffekt im Umgang mit solchen Himmelserscheinungen aufgetreten war, der nicht mehr alle Menschen mit Angst und Schrecken reagieren ließ.

Auffallend bei den Nordlichtern des 16. Jahrhunderts war, dass sie vor allem in Süddeutschland beobachtet wurden. Erst zum Ende des Jahrhunderts erfährt man durch den ostfriesischen Pfarrer und Astronom David Fabricius (1564–1617) von solchen Erscheinungen in Norddeutschland, die er *Nordflüsz* nannte. Es handelte sich dabei um folgende Beobachtungen:

1592 20. Mai, starkes Polarlicht
1599 12. Oktober, starkes Polarlicht
1600 1. Dezember, starkes Polarlicht
1604 18. Januar, Polarlicht
29. Oktober, auffälliges Polarlicht, von allen Seiten bis zum Zenit reichend, vornehmlich auf N und NW begrenzt, im NW blutrot aufgegangen
1605 9. Dezember, starkes Polarlicht
1608 27. Januar, Polarlicht

1609 27./28. September, in der ganzen Nacht zu sehen, besonders eindrücklich am Abend des 27.; ausgeprägte blutrote Farbe
1609 16. Oktober, Polarlicht

Durch den sachlichen Stil seiner Aufzeichnungen unterschied sich David Fabricius von den Berichten auf Flugblättern; die Häufung seiner Beobachtungen lässt auf ständige Wachsamkeit schließen. Sein Sohn Johann Fabricius schrieb 1611 eine erste ausführliche Darstellung der Sonnenflecken, sein Vater unterstützte ihn bei seinen Beobachtungen. Diese Entdeckung sollte in späteren Jahrhunderten eine große Rolle bei der Entstehungstheorie der Nordlichter spielen (Kap. 5.2).

Der erstmalige Gebrauch der Bezeichnung *aurora borealis* ist wahrscheinlich schon um 550 n. Chr. durch Bischof Gregor von Tours geschehen. Die erste Verwendung im 17. Jahrhundert erfolgte nach jüngeren Forschungen durch den großen italienischen Gelehrten Galileo Galilei (1564–1642), der das Wort *aurora* zunächst in seiner ursprünglichen Bedeutung „Morgenröte" verwendete und dann *borealis* als nördlich hinzufügte. Andere Forschungen nennen als Namensgeber seinen Schüler Pierre Gassendi. *Aurora borealis*, „nördliche Morgenröte", bürgerte sich seitdem allmählich als Bezeichnung für das Nordlicht ein.

4.2 Das Nordlicht vom 17. März 1716

Die Jahre zwischen 1645 und 1715 sind eine Zeitspanne geringer Überlieferung von Nordlichtbeobachtungen. Der englische Astronom Edward Walter Maunder führte diesen

Mangel an Nordlichtern in einer Veröffentlichung des Jahres 1922 auf eine lange Phase verminderter Sonnenaktivität zurück. Seine Entdeckung wurde ihm zu Ehren *Maunder-Minimum* genannt (Kap. 8.3, Abb. 7.7). Damals aber waren diese Zusammenhänge unbekannt.

Das *Maunder-Minimum* wurde durch das prächtige Nordlicht des 17. März 1716 beendet. Es war in vielen Teilen Europas zu sehen, denn es liegen Berichte darüber vor aus Cadix, Lissabon, Madrid, Neapel, Rom, der spanischen Küste, von englischen Schiffern, Ungarn, Polen, Schweiz, Dortingen, Bierstein, Braunschweig, Bremen, Camburg, Leipzig, Weimar, Hamburg, Holstein, Danzig, Thorn, Elbing, Königsberg, Gießen, Halberstadt, Halle, Wittenberg, Lommatsch, Meißen, Helmstedt, Berlin, Leiden, Amsterdam, Paris, Languedoc, Rouen, Brest, Dieppe, London, Cambridge, Schottland, Moskau, Petersburg, Norköping, Uppsala.

Diese Liste zeigt, dass die Aufmerksamkeit der Gelehrten und anderer Himmelsbeobachter sich stark den Nordlichterscheinungen zugewendet hatte und man sie nicht mehr nur beobachtete, sondern das Gesehene auch dokumentierte. Denn im 17./18. Jahrhundert nahm die Bedeutung der Naturwissenschaften stark zu. Es wurden neue Universitäten, wissenschaftliche Akademien und Gesellschaften gegründet. Die *ratio*, der Verstand, beherrschte das Denken nun mehr als Ängste und Gefühle, was bei der Rezeption des Nordlichtes vom 17. März 1716 deutlich wird.

Professor Christian Wolff war Königlich Preußischer Hofrat und Mitglied der Königlich Großbritannischen als auch der Königlich Preußischen Societät der Wissenschaften und Professor in Halle. Wegen des großen Interesses

4 Vom Unheilsboten zum Forschungsobjekt

der Bevölkerung an dem kürzlich erschienenen Nordlicht hielt er bereits am 24. März 1716 eine öffentliche Vorlesung ab, in der er erklärte:

> Als nächst verwichenen Dienstag nach Oculi den 17. Martii jetzt lauffenden 1716. Jahres des Abends einige Stunden bei uns in Halle ein ungewöhnliches Licht gegen Norden am Himmel erschienen und viele in der Erkänntniß der Natur Unerfahrne in grosse Bestürzung versetzet, so hat man sich vielfältig erkundiget, was ich von diesem sonderbahren phaenomeno hielte und absonderlich zu wissen begehrte, ob man mit einigem Grunde ihm eine gewisse Deutung zueignen könne.

Nun beschrieb er das beobachtete Nordlicht als eine Figur in der Gestalt eines Bogens, der vor Norden vorbeigegangen sei, sodass die Sehne des Bogens, also die Linie, welche das Bogensegment abschneidet, parallel zum Horizont war. Zu Beginn sei der Bogen ganz klein gewesen, habe sich dann aber bis zu einem Drittel des Zenits erhöht. Aus dem Bogen seien verschiedene Strahlen herausgeschossen, wie etwa Raketen aufzusteigen pflegen, etwas langsam, nicht so schnell wie der Blitz. Die aufschießenden Strahlen machten keinen rechten Winkel mit dem Bogen, sondern standen auf seiner Sehne senkrecht[1].

Wolff entschied sich für eine öffentliche Vorlesung zum Thema, um die Wirkungen und Begebenheiten der Natur zu erklären. Er kam dabei letztlich zu der Ansicht, dass es sich bei der Lichterscheinung nicht um ein Gericht Gottes handle, sondern vielmehr um eine Erscheinung der Erdat-

---

[1] Diese Beobachtung kann man heute mit der Lage der Feldlinien des Erdmagnetfelds erklären (Kap. 5.1).

Abb. 4.1 Titelblatt des gedruckten Vortrags von Christian Wolff von 1716

4 Vom Unheilsboten zum Forschungsobjekt

mosphäre. Eine nach heutigen Maßstäben geltende physikalische Erklärung lieferte Wolff allerdings nicht.

Entscheidend für die Rezeption des Polarlichts vom 17. März 1716 war, dass in einem Teil der Öffentlichkeit eine neue Art des Umgangs mit der Natur stattfand. Während das „gemeine Volk" weiterhin von besonderen Dingen erzählte, die man gesehen haben wollte, fragte ein anderer Teil nun nicht mehr Kirchenmänner oder die Bibel um Auskunft, sondern einen Gelehrten an der Universität, denn das Nordlicht wurde als ein auf der Erde stattfindendes Naturereignis eingeordnet. Das Deutungsmuster früherer Jahrhunderte, in denen Angst und Bestürzung die vorherrschende Reaktion war, begann sich zu wandeln. Die Nachfrage nach Wolffs Erklärungen war so groß, dass die Vorlesung schon im selben Jahr gedruckt wurde (Abb. 4.1).

Ähnlich äußerte sich der Helmstedter Professor Rudolph Christian Wagner, der dasselbe Nordlicht beschrieb. Im Titel seiner Schrift

> Erzählung derer zu Helmstädt am Abgewichenen 17ten Martii vom 7. biß nach 12. Uhren zu nachts gesehenen Meteororum Igneorum …

berichtete er von breiten, lichten Strahlen und einem dem Wetterleuchten ähnlichen Blitzen, das stundenlang angehalten habe. Auch er hielt fest, dass ein guter Teil der Bevölkerung in Angst und Schrecken versetzt wurde, dass jedoch viele von ihm eine natürliche Erklärung der Ursache zu wissen wünschten. Deshalb habe er es für seine Pflicht gehalten, eine Abhandlung zu schreiben. Auch Wagners

Ziel war es zu zeigen, dass das Nordlicht aus natürlichen Ursachen entstanden war.

Christfried Kirch, ein Sohn des bekannten Berliner Astronomen Gottfried Kirch, veröffentlichte eine weitere Abhandlung zum großen Nordlicht des Jahres 1716, das er in Danzig beobachtete. Im Text beschrieb er ausführlich seine Beobachtungen, die zwischen kurz nach acht Uhr abends bis gegen vier Uhr morgens stattgefunden hatten. Zu Beginn sah er im Norden gegen Osten einen lichthellen Streifen von ziemlicher Breite, der sich dann nach Osten krümmte. Dann begannen aus dem oberen Streifen sich einige Strahlen zu erheben. Nach einiger Zeit war der Streifen verschwunden, stattdessen schien die ganze Nordhälfte des Himmels in Flammen zu stehen. Im Nordosten formierten sich feurige Klumpen, aus denen sich große subtile Flammen in großer Schnelligkeit ausbreiteten. Sie waren mehr blut- als feuerfarben. Viele Leute fürchteten, die allgemeine „Weltverbrennung" würde jetzt anheben. Das allgemeine Luftfeuer hielt etwa eine halbe Stunde an. Gegen zehn Uhr hatte sich ein zweiter Bogen gebildet, von dem nur schwache Strahlen aufstiegen. Es formte sich trübes oder dunkles Gewölke, das jedoch keine Wolken waren, da man durch es die Sterne sehen konnte. Im Westen der Bogen stiegen nun helle Strahlen auf und erhellten alles Dunkle. Eine Minute vor elf war kein Bogen mehr zu sehen, jedoch erschienen am Nordhorizont sehr helle Flecken, aus denen wieder helle Strahlen oder Sonnen entstanden.

Am Schluss seiner Abhandlung erwähnte Kirch noch, dass mehrere glaubwürdige Personen darin übereinstimmten, dass sie gegen halb neun Uhr und vorher und hernach die aufschießenden roten Flammen mit einem rechten Geräusch in die Höhe lodern gehört hatten, welches Geräusch sich von der „See Brausen" genau habe unterscheiden lassen. Er selbst habe aber dieses Geräusch nicht gehört, weil er nicht darauf Acht gegeben habe und vom Zusammenreden der Zuschauer gehindert war.

Zu diesen deutschsprachigen Abhandlungen über das Nordlicht vom 17. März 1716 kommen mehrere in anderen Sprachen, insgesamt sind dreizehn Schriften nachgewiesen. Eine in Latein abgefasste Dissertation zum Thema schrieb der spätere Königsberger Prediger und Professor der Mathematik Christoph Langhansen (Abb. 4.2). Seine Schrift umfasst 26 Buchseiten und sechs Abbildungen. Er nennt das Phänomen im Titel in Latein aurora borealis, in Deutsch „Nord=Licht". Im Nachtrag zählt Langhansen weitere Nordlichter desselben Jahres auf: vom 21. März in Frankreich, 13. April in Preußen und 15. April in Wilna. Dies ist ein guter Beweis dafür, dass in den Wochen nach einem großen Nordlicht mit weiteren zu rechnen ist (Kap. 7.4).

Ausführlich hat sich auch der berühmte britische Astronom Edmund Halley mit dem großen Nordlicht des Jahres 1716 befasst, da er diese Erscheinung persönlich beobachtet hatte. Erstmalig benutzte er in seiner Schrift über dieses Phänomen das Wort *corona* und deutete es zutreffend als perspektivisches Phänomen. Außerdem nahm er an, dass das Nordlicht durch magnetische Ausflüsse aus den Polgegenden verursacht würde. Später schlug er als Erster einen praktikablen Weg zur Messung der Höhe einer Aurora vor (Kap. 6.2). Mehrere Publikationen über das berühmte Nordlicht folgten, besonders aus Frankreich und Italien.

AUXILIANTE DIVINO NUMINE
DE
AURORA BOREALI,
QUAM GERMANI

Das Nord-Licht/

appellant

A. c. 1716. d. 17. Martii

obſervata,

Conſenſu Ampliſſimæ Facultatis Philoſophicæ,

PRÆSIDE

CHRISTOPHORO Langhanſen/

Mathematum Prof. Extraord.

RESPONSURUS DISSERET

CHRISTIANUS HENRICUS Gütther/ Reg. Boruſſ.

Phil. & S. Theol. Stud.

IN AUDITORIO MAJORI,

d.   Julii h. c.

REGIOMONTI, Literis REUSNERIANIS.

Abb. 4.2 Titelbild der Schrift von Christoph Langhansen über das Nordlicht vom 17. März 1716

4.3 Weitere bekannte Polarlichter des 18. Jahrhunderts

Eine auch bei Wissenschaftlern kaum bekannte Schrift über den „Nordschein" ist das 1721 in Frankfurt a. M. gedruckte Büchlein von Johann Christian Heuson (1676–1741) mit dem Titel:

> Kurze Betrachtung über zwey Phaenomena Oder Lufft-Geschichte / Welche sonsten Lumen Boreale seu Aurora Borealis Das ist: Der Nord-Schein genennet werden; das erste zwischen dem 17 u. 18 Febr. von 7 biß 12 Uhr; das andere zwischen dem 1. und 2. Mertz ebenfalls von 7 biß 12 Uhr / um und über der Stadt Franckfurth am Mayn dieses ietzlaufenden Jahres 1721.

Laut eines Stellengesuches aus Frankfurt a. M. vom Jahr 1727 war Heuson schon seit 21 Jahren Lehrer am Gymnasium in den Humanistischen Studiengängen, insbesondere Rhetorik, Geschichte und Geografie. Bei den Beschreibungen der beiden Nordlichter aus dem Jahr 1721 beginnt er mit Kapiteln über die Naturlehre allgemein, die Eigenschaften der Luft, die Atmosphäre, die „wässrige Lufft-Geschichte", die „feurige Lufft-Geschichte" und mit einer Aufzählung der an verschiedenen Orten im 18. Jahrhundert erschienenen Nordlichtern. Heuson erwähnt auch die 1716 veröffentlichten Schriften von Chr. Kirch und R. Wagner. Dann beginnt er mit einer Beschreibung des Nordlichtes vom 17./18. Februar 1721 über Frankfurt a. M.

> Es begann mit einer dunklen Wolke, die durch zwei helle Bögen abgelöst wurde, von denen aus Säulen wie Feuer-

flammen aufschossen. Unter diesen gab es Blitze und Wetterleuchten und östlich der Bögen eine dunkle schwarze Wolke mit dicken flammenden Strahlen.

Dieses Geschehen wurde in dem Büchlein mit einem Kupferstich sichtbar gemacht (Abb. 4.3, F: I, F: II).

Es folgt die Beschreibung eines weiteren Nordlichts über Frankfurt, diesmal am 1./2. März 1721. Sie wurde von Johann Georg Keck verfasst, er war ein Kollege Heusons. Er sah zunächst eine Hellung über Königstein und Kronenberg, dann erschienen drei gelbe Bögen über der Oststadt Frankfurts. Anschließend beobachtete er überall rötliche Feuerflammen und davon aufsteigend einen dünnen Rauch (Abb. 4.3, F: III, F: IV) und ein vernehmliches Gezisch. Nach diesen Beobachtungen zählt Heuson eine Fülle von Orten auf, von denen aus die beiden Nordlichter auch gesehen wurden.

In einer abschließenden Betrachtung erklärt Heuson, dass es sich dabei nicht um Wunderzeichen handele, sondern um wahrhafte Begebenheiten, die er *Meteoron* nennt und als einen einzigen in der Luft erzeugten Körper beschreibt. Aus dünnen, subtilen, feinsten Dünsten, die von der Erde aufsteigen, würde er gebildet, um sich dann mit einem entsetzlichen Zischen und einem schwefeligen Geruch zu entzünden. Schließlich kommt Heuson zu dem Schluss, dass nicht Gott diese Erscheinungen entstehen ließ, um die Menschen zu warnen, sondern Gott durch die Natur, und dass der Nord-Schein weder Gutes noch Böses prophezeie.

Im Jahr 1733 erschien erstmals in Paris eine Polarlicht-Abhandlung des französischen Physikers Jean Jaques de

4 Vom Unheilsboten zum Forschungsobjekt

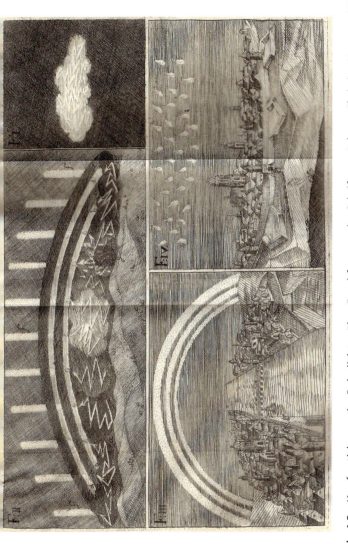

Abb. 4.3 Kupferstiche zweier Polarlichter über Frankfurt aus der Schrift von Johann Christian Heuson, 1721

Mairan, eine erweiterte zweite Auflage, die über 600 Seiten umfasst, folgte 1754. Darin wies Mairan nach, dass zwischen 1634 und 1684 mindestens 34 Polarlichter beobachtet worden waren und zwischen 1685 und 1721 weitere 219. Nordlichter waren also in der Zeit des *Maunder-Minimums* keineswegs so selten.

Mairan beobachtete am 19. Oktober 1726 eine *Corona*, die er als die schönste bezeichnete, die er je gesehen habe. Er sah im Westen fünf oder sechs dunkelviolette Wolken, aus deren Mitte eine andere emporstieg, die blutrot anzusehen war. Aus dieser flossen Strahlen von gleicher Farbe. Die Corona ging über den Zenit nach Süden in einer Neigung nach Westen, ihre Strahlen trafen sich im Zenit.

Mairans neue Idee war, dass die aurora borealis das Ergebnis einer Interaktion zwischen der Sonne und der Erdatmosphäre war. Er verwies auch als Erster auf einen Zusammenhang zwischen der Wiederkehr der Sonnenflecken und dem Erscheinen der Polarlichter. Mairans Abhandlung kennzeichnet den Weg zu einem neuen physikalischen Verständnis des Polarlichts, denn nun wurde versucht, die tiefer liegenden natürlichen Ursachen zu verstehen.

Zu diesen Forschern des 18. Jahrhunderts gehören auch der schwedische Mathematikprofessor Anders Celsius (1701–1744) und Olof Peter Hjorter (1696–1750). Celsius ist bis heute für die Erfindung der Temperaturskala berühmt, die seinen Namen trägt. Während man in Schweden bis dahin den Nordlichtern wenig wissenschaftliche Aufmerksamkeit zollte, interessierte sich Celsius durch Aufenthalte an mehreren europäischen Universitäten für dieses Phänomen. Im Jahr 1733 erschien seine erste Abhandlung, in der er 316 Nordlichter beschrieb, die zwischen

4 Vom Unheilsboten zum Forschungsobjekt

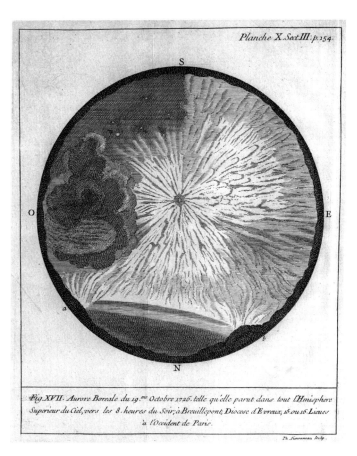

Abb. 4.4 *Corona* aus dem Buch von Jean Jaques de Mairan: *Traité de l'aurore boréale*, 1733

1716 und 1732 in Schweden zu sehen waren. Sein Werk war von Johann Friedrich Weidler (1692–1755) inspiriert, einem Professor an der Universität Wittenberg. Celsius ermahnte in seiner Veröffentlichung, bei der Erklärung des

Nordlichts nicht bei Spekulationen zu verharren, sondern exakte Beobachtungen zu liefern. Celsius betonte auch, dass die wichtigste Funktion von Wissenschaft nicht sei, *professores* berühmt zu machen, sondern der Menschheit zu dienen. Im Titel seiner lateinisch abgefassten Schrift verwendete er den Ausdruck *lumen borealis*, eine direkte Übersetzung des skandinavischen Wortes *nordlyset*.

Besonders wichtig für die weitere Erforschung der Nordlichter wurde Celsius' Zusammenarbeit mit seinem Schwager Olof Peter Hjorter, der Observator an der Sternwarte zu Uppsala war. Hjorter bekam von Celsius eine Magnetnadel, die er auf einen Tisch in seinem Zimmer stellte. Er beobachtete sie Tag und Nacht, ein ganzes Jahr lang, insgesamt 6638 Stunden. Dabei sah er beim Auftreten eines starken Nordlichts gleichzeitig Bewegungen der Magnetnadel. In einer Abhandlung stellte er eine Verbindung zwischen beiden Erscheinungen her (Kap. 8.2) und betonte dabei den großen Beitrag, den Celsius bei dieser Entdeckung gemacht habe. Deshalb wurde Celsius dafür berühmt, heutige Polarlichthistoriker haben jedoch kaum Zweifel daran, dass Hjorter der eigentliche Entdecker dieses wichtigen Phänomens war.

Allerdings gab es auch Mitte des 18. Jahrhunderts unter Gelehrten noch den Rückgriff auf veraltete Theorien, wie das Buch des norwegischen Pastors Lars Barhow zeigt. Er wollte sein Werk ursprünglich in Dänisch drucken lassen, bekam dabei aber soviel Ärger, dass es 1751 auf Deutsch in Leipzig verlegt wurde. Er postulierte, dass die Substanz, aus der das Nordlicht entstehe, nicht selbstleuchtend sei, dass sie nicht aus phosphorischem oder elektrischem Material bestehe, sondern dass vielmehr in der Atmosphäre ein dampfender Dunst herrsche, der durch eine Quelle von außerhalb beleuchtet werde, und dass schließlich diese Beleuchtung vom Eis um den Pol komme. Damit schloss Barhow sich der Theorie an, die schon im *Königsspiegel* (um 1250) aufgezählt worden war. Sein wichtigster Beitrag zur Forschung wurde Barhows Versuch, die Nordlichter hinsichtlich ihrer Erscheinung, ihrer Bewegungen und ihrer Farbe zu klassifizieren. Sein Buch wurde viel gelesen und bis ins 20. Jahrhundert akzeptiert.

Auch ein am 18. Januar 1770 erschienenes Nordlicht erregte besondere Aufmerksamkeit. Es wurde in nördlichen, mittleren und südlichen Breitengraden beobachtet und zeigte über Europa alle typischen Formen wie Bogen, Strahlen, Vorhänge und Corona. Im Detail wurde es beschrieben von Johann Silberschlag (1716–1791), der Theologie und Naturwissenschaften an der Universität Halle studiert hatte und Rektor der Realschule in Berlin war. Er hielt seine Beobachtungen in Berlin in einem Brief an seinen Bruder Christoph fest. Das Nordlicht begann gegen sechs Uhr abends am 18. Januar 1770, als er einen schmalen, schimmernden Bogen sah, der sich von Osten nach Westen erstreckte. Aus diesem Bogen fuhren an beiden Enden und aus der Mitte ganze Streifen von Strahlen dem Scheitelpunkt zu. Die Streifen an den Enden leuchteten rötlich, der mittlere war durch einige dunkle Wolken unterbrochen. Der Bogen begann zu wandern und war gegen 12 Uhr (Mitternacht) im Süden angelangt. Unterdessen hatte sich im Norden ein weiterer Bogen gebildet. Von seinen Enden fuhren so breite helle Streifen nach dem Scheitel des Nordlichts, dass man dabei größere Schrift lesen konnte, und so feuerrot, dass Schnee, Gebäude und Dächer einen rötlichen Schein wiedergaben. Der nordöstliche

Streifen spielte in allen Farben, gelb, rot, grün, blau, und schien einem Kegel mit abgerundeter Spitze ähnlich. Eine blau leuchtende Wolke schwebte im Scheitel. Sie bildete das Zentrum dieser Krone wie der Reichsapfel, die Streifen erschienen als Bügel dieser Krone. „Alles funkelte, alles wallte, alles spielte in den lieblichsten Farben".

Silberschlag verwies bei seinem Bericht auf verschiedene Abhandlungen, in denen ein Zusammenhang zwischen Änderungen im geomagnetischen Feld der Erde, die man beim Ausschlag einer Magnetnadel sehen kann, und dem Aufleuchten von Polarlichtern beobachtet worden waren.

Friedrich Daniel Behn (1734–1804) war Rektor an dem zu jener Zeit berühmten Gymnasium Katharineum in Lübeck, wo er seine Beobachtungen machte. Diese hielt er in einem Buch von 144 Seiten fest, von denen sich jedoch nur einige mit dem aktuellen Nordlicht befassten. Die Schrift ist als Dialog zwischen einem Lehrer und einem Studenten geschrieben, eine zur damaligen Zeit beliebte literarische Form. Der Lehrer beschrieb:

> Am Abendhimmel des 18. Januars 1770 bildeten sich gegen sechs Uhr schwache gefärbte Strahlen. Bald danach begann der Horizont zu glänzen und ein Streif von Licht erhob sich leicht bogenförmig. Um halb sieben zeigte sich eine dunkelrote Wolke, die fast eine Viertel Stunde unbeweglich stand. Kurz darauf wurde der Streif gegen die Enden zu glänzender, dann schossen gelbe Strahlen aufwärts, die den Streif durchschnitten und sich im spitzen Winkel gegeneinander neigten. Sie schossen nie unterwärts des Streifens herab, sondern flossen aus ihm empor an den Himmel. Etwa 15 Grad vom Zenit bildete sich ein Zirkel und um dessen Mittelpunkt eine Zirkelscheibe, die ganz schwarz zu sein schien.

4 Vom Unheilsboten zum Forschungsobjekt

Um diesen Kreis zog sich ein breiter Ring von dunkelroter Farbe, der sich sowohl von der Zirkelscheibe als auch vom Himmel stark abhob. Die Farbe des Rings war durchgehend dunkelrot.

Der Student hatte dies auch beobachtet und ergänzte, dass der Ring eine geraume Zeit unveränderlich wie eine Krone schräg am Himmel prangte, wie ein Kranz in der Hand eines Genius oder ein Engel über dem Haupt eines Brustbildes. Der Kranz des Himmels sei mit den schönsten Rubinen besetzt gewesen. Nachdem sich der Ring am Himmel gebildet habe, zogen sich die heraufschießenden Strahlen bis zum dunklen Mittelpunkt des Zirkels. Es bildeten sich zwei Schenkel von Licht, die einige Minuten wie abgekürzte Pyramiden aussahen.

Durch die Zeitangaben wird deutlich, dass Behn das Nordlicht nur zwischen sechs und sieben Uhr abends gesehen hat, während Silberschlag alles bis gegen Mitternacht beobachtete und daher auch die Wiederkehr des Nordlichts beschrieb. Die Corona beobachteten sie zu verschiedenen Zeiten. Ihre unterschiedlichen Darstellungen könnten eine Folge der unterschiedlichen Beobachtungsorte sein. Wie Silberschlag war auch Behn von einer natürlichen Ursache der Nordlichter überzeugt. Er lehnte jedoch eine Verknüpfung mit dem Magnetismus der Erde ab und bevorzugte die Hypothese, ein elektrischer Äther sei der Verursacher.

Es gab noch viele andere Gelehrte, die sich im 18. Jahrhundert mit der Entstehung der Nordlichter befassten, aber hier nicht erwähnt wurden, da der Schwerpunkt auf den deutschsprachigen Abhandlungen liegt. Viele Autoren versuchten jetzt, die in Experimenten erhaltenen Ergebnis-

Abb. 4.5 Kupferstich aus der Schrift von Friedrich Daniel Behn aus dem Jahr 1770, Forschungsbibliothek Gotha, E8° 1116

se auf vorgefundene physikalische Abläufe zu übertragen. Doch erst in den Forschungen des 19. und 20. Jahrhunderts wurden exakte Verbindungen zwischen den Polarlichtern und der Sonnenaktivität gezogen (Kap. 7.4).

4.4 Kataloge von Polarlichtern

Der Weg zu einem neuen Verständnis vom Polarlicht wurde durch statistische Aufarbeitungen erleichtert. Zahlreiche Autoren hatten an den Begin ihrer Abhandlungen Rückblicke auf frühere Erscheinungen aufgestellt, sie kommentierten sie mehr oder weniger genau. Das erste Werk, das den Namen Katalog verdient, ist das von Johann Nikolaus Frobesius, einem Professor an der Universität Helmstedt. Es erschien im Jahr 1739 und enthält Daten, kurze Texte und bibliografische Angaben, es umfasst jedoch nicht nur Nordlichter, sondern auch Meteore, Kometen und andere Erscheinungen in der Atmosphäre.

Der nächste bedeutende Katalog war derjenige, den der früher schon erwähnte Franzose de Mairan in der zweiten Ausgabe seines *Traité de l'aurore boréale* (1754) zusammengestellt hat. Er gab zunächst Texte und Angaben von Frobesius und Kirch wieder, erweiterte diese jedoch durch noch nicht bekannte Erscheinungen und stellte außerdem anhand verschiedener Fragestellungen Statistiken zusammen.

Gerhard Schöning (1722–1780) war Rektor der Trondheimer Kathedralschule und ein norwegischer Historiker. Sein Katalog erschien im Jahr 1760 in Dänisch, er ist vor allem ein reich dokumentierter historischer Rückblick mit zahlreichen bibliografischen Angaben und Textauszügen in Latein. Doch viele seiner Angaben zu angeblichen Nordlichtern befassten sich mit anderen Phänomenen.

In der zweiten Hälfte des 19. Jahrhunderts erschienen weitere Kataloge von Bedeutung. Derjenige des Züricher

Professors und Leiters der Sternwarte Rudolf Wolf war nur einer seiner zahlreichen Beiträge zu Erforschung der Atmosphäre. Sein im Jahr 1857 erschienenes Verzeichnis umfasste 5500 Beobachtungen. Es war in der Form eines Kalenders abgefasst, also nach Tagen, Monaten und Jahren gegliedert. Wolf untersuchte außerdem die Beziehungen zwischen Nordlichtern und der Aktivität der Sonne, indem er monatliche Untersuchungen über die Sonnenflecken und dem Erscheinen von Polarlichtern in den Jahren zwischen 1826 und 1843 durchführte.

Im Jahr 1873 vollendete der deutsche Geophysiker Hermann Fritz seinen bereits im Kapitel 2.4 erwähnten, besonders umfangreichen Katalog mit Sichtungen aus der ganzen Welt. Er begann mit folgender Feststellung:

> Das Polarlicht ist eine periodische Erscheinung und steht im innigen Zusammenhange mit der Bildung von Flecken auf der Sonne; es zeichnen sich die Perioden der reichsten Fleckenbildung auf dem Centralkörper unseres Planetensystems durch reiche und großartige Lichtentwicklungen um die Pole unserer Erde aus.

Fritz wies auf die Forschungen von Rudolf Wolf hin, die ihn zu dieser Erkenntnis geführt und ihn veranlasst hatten, ein nach geografischen Breiten und Längen geordnetes Verzeichnis von Nord- und Südlichtern zu bearbeiten. Mit Hilfe von Professor Josef Lovering am Harvard College in New York gelang es ihm, auch Daten aus Nordamerika zu bekommen. Weiterhin sind Beobachtungen aus Afrika und Asien enthalten und entsprechend der Breitengrade gegliedert. Die Südlichter gehören zu einer zweiten Hauptgrup-

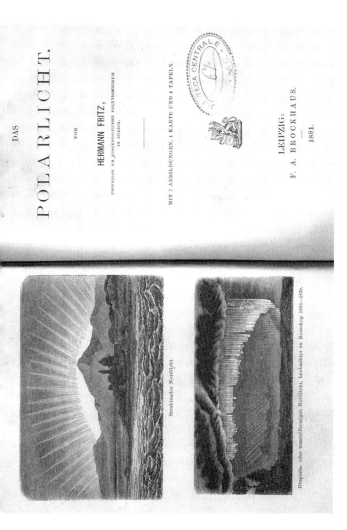

Abb. 4.6 Titelblatt des Buches von Hermann Fritz aus dem Jahr 1881

pe. Mit diesen genauen Angaben waren vielfältige Untersuchungen möglich, so stellte Fritz fest, dass Polarlichter in mittleren und niedrigen Breitengraden erheblich seltener sind. Das gesammelte Wissen seiner Zeit über Nord- und Südlicht fasste Fritz in seinem im Jahr 1881 erschienenen Buch „Das Polarlicht" zusammen, das zwei Abbildungen von Polarlichtern zeigt (Abb. 4.6).

Der von Fritz bearbeitete Katalog gilt als Standardwerk, allerdings enthält auch er Fehler und Auslassungen, sodass bis heute Wissenschaftler seine Forschungen kommentieren, ergänzen oder korrigieren.

4.5 Polarlichtbeobachtungen auf Entdeckungsreisen

Während die Nordlichter seit dem 17. Jahrhundert genau erforscht wurden, blieben die Südlichter von Europäern noch lange unbeobachtet. Nur die Ureinwohner in Südaustralien und die Maori auf Neuseeland erzählten ihre Geschichten (Kap. 1.1). Die erste Südlichtbeobachtung, die in Europa bekannt wurde, war die des berühmten Seefahrers der südlichen Meere, Antonio de Ulloa. Der französische Forscher de Mairan hatte die Initiative übernommen und ihn nach entsprechenden Sichtungen gefragt. Er erhielt einen Bericht über Beobachtungen im Jahr 1745 bei der Umsegelung von Kap Horn, wo Ulloa ein Leuchten am Himmel gesehen hatte, das sehr dem ihm bekannten Nordlicht ähnelte.

Bei der Entdeckungsreise nach Australien mit dem Schiff MS Endeavor im Jahr 1770 sah Kapitän James Cooks

4 Vom Unheilsboten zum Forschungsobjekt

Mannschaft gleichfalls ein Südlicht. Der für die Botanik zuständige Sir Joseph Banks schrieb in seinem Tagebuch vom 16. September von einem Phänomen, das sehr der aurora borealis gliche, sich jedoch nicht bewege (was später allerdings nicht bestätigt wurde).

Auf der zweiten Weltreise Cooks auf der MS Resolution segelten als Naturforscher Johann Reinhold Forster und sein erst siebzehnjähriger Sohn Georg Forster mit. Dieser wurde ein deutsch-englischer Naturforscher, Ethnologe und Reiseschriftsteller von Weltruf. Am 13. Juli 1772 begann die dreijährige Seereise, deren wichtigster Forschungsertrag die Entdeckung Polynesiens wurde. Georg beschrieb seine Reise später in drei Bänden, die auf Englisch verfasst, jedoch von ihm selbst ins Deutsche übersetzt wurden. Das erste von sechs Südlichtern, das Georg Forster sah, beschrieb er am 17. Februar 1773 als wunderschönes Phänomen, das in den folgenden Nächten wiederum auftauchte. Lange Säulen von weißem Licht schossen vom Horizont beinah bis zum Zenith und breiteten sich über fast den ganzen Südhimmel aus. Als Unterschied zur aurora borealis gab Georg Forster an, dass es nur in der Farbe Weiß erschienen sei und nicht so feurig wie in Schweden. Dies bestätigten spätere Forschungen nicht.

Die Entdeckungsreisen wurden häufiger und sie führten weiter nach Süden in die Nähe des Pols. Im Katalog von Hermann Fritz sind Südlichterscheinungen von 1640 bis 1872 aufgelistet, als Bezeichnung bürgerte sich aurora australis ein. Die erste bekannte Sichtung von Tasmanien aus geschah erst am 29. August 1859, die erste von Melbourne aus am 2. September 1859, die als große Aurora auch in Nordamerika, Jamaika, Rom und Athen gesehen wurde.

Ähnlich berühmt als Naturforscher wie Georg Forster ist Alexander von Humboldt (1769–1859), besonders durch seine Reisen, die er zu Fuß, Pferd und Kanu in den Dschungeln und Bergen Südamerikas gemacht hat. A. v. Humboldt war nicht nur ein Erforscher, sondern ein wissenschaftlicher Reisender, dessen Gepäck mehr als vier Dutzend Instrumente zum Messen der physikalischen Besonderheiten enthielt, welche die von ihm bereisten Länder aufwiesen. Besonders wichtig waren ihm verschiedene Mittel zur Erfassung des magnetischen Erdfelds. Von allen von ihm auf der Südamerikareise und der späteren Russlandreise erhobenen Daten waren ihm die Ergebnisse über den Erdmagnetismus am liebsten.

Von der ersten Entdeckungsreise zurück, kaufte er am Stadtrand von Berlin im Jahr 1805 ein Haus, in dem er seine Instrumente aufstellte. Ein volles Jahr beobachtete er zusammen mit einem Assistenten die Ausschläge der Magnetnadel. Er sah nicht nur regelmäßige tägliche Ausschläge, sondern gelegentlich auch heftige Schwankungen, welche er als „magnetische Ungewitter" bezeichnete. Manchmal waren diese Ausschläge, wie schon Celsius und Hjorter ein halbes Jahrhundert früher festgestellt hatten, unerklärlicherweise von Polarlichtern begleitet. Humboldt stellte fest, dass die magnetischen Stürme zur selben Zeit auch von befreundeten Wissenschaftlern in Paris und Freiburg beobachtet worden waren. Auf seine Veranlassung hin ließ der russische Zar im Jahr 1835 eine Anzahl von magnetischen Stationen errichten, die tausende Beobachtungen von magnetischen Ausschlägen zusammen mit Nordlichtbeobachtungen aufzeichneten, ohne dafür eine Erklärung zu finden. Humboldts Zusammenarbeit mit Carl Friedrich Gauß brachte diese Erkenntnisse weiter (Kap. 5.1).

Da nun allgemein bekannt war, dass bei Polarlichterscheinungen gleichzeitig die Magnetnadel ausschlug, beschloss die englische Admiralität, dass bei einer geplanten Expedition zur Erforschung der nördlichen Gebiete Kanadas nach einem Zusammenhang geforscht werden sollte. Leiter dieser ersten arktischen Landexpedition, die von 1819 bis 1822 dauerte, wurde John Franklin (1786–1847), der sich durch das sorgfältige Messen und Sammeln von naturwissenschaftlichen Daten bekannt gemacht hatte. Sein naturwissenschaftlich geschulter Begleiter war Dr. John Richardson. Franklin wurde genau instruiert, welche Daten gesammelt werden sollten: die *Inklination*, die *Deklination* und die absolute Stärke des Ausschlages der Magnetnadel (Kasten in Kap. 5.1). Diese Messungen sollten dann aufgezeichnet werden, wenn Polarlichter am Himmel erschienen. Auch die Frage nach Geräuschen während einer solchen Erscheinung sollte beantwortet werden, ebenso die Frage nach ihrer Farbe.

Franklin begann seine Reise im Sommer 1820 vom Fort Chipewyan am Lake Athabasca, dem Land, wo die Indianer noch ihre Geschichte vom großen Helden Ithenhiela erzählten (Kap. 1.2). Hinsichtlich der Ausrüstung verlief diese Expedition verheerend, denn wegen Proviantmangel mussten die Männer Flechten essen, um am Leben zu bleiben. Sie versuchten sogar, ihre Lederstiefel zu verzehren, was Franklin den Spitznamen „der Mann, der seine Schuhe aß" eintrug. Dennoch führte Franklin wissenschaftliche Beobachtungen durch, die er in einem Tagebuch genauestens festhielt. So notierte er, dass am 29. Dezember 1820 Richardson ein großes Nordlicht beobachtete, das von Geräuschen begleitet war, jedoch war er unsicher, ob sie durch das Nordlicht verursacht wurden oder durch krachendes Eis. Ähnliches konstatierte er auch bei späteren Nordlichtern.

Auch das Ausschlagen der Magnetnadel beschrieb Franklin genau, ebenso beobachtete er ein Thermometer und ein Elektrometer. Dabei fiel ihm auf, dass die Transitnadel bei dichtem, dunstigem Wetter besonders gestört wurde. Auch meinte er festzustellen, dass das Nordlicht die Kompassnadel durch magnetische Effekte direkt beeinflusse. Die Stärke des Ausschlages der Nadel sah er in Abhängigkeit von der Entfernung der Aurora zur Erde. Seine Beobachtungen und Gedanken sandte er direkt nach London zur britischen Admiralität.

Als Franklin 1822 von seiner ersten Forschungsreise zurückkehrte, wurde er in England sehr gefeiert und zum Mitglied der Royal Society ernannt. Schon bald plante er eine neue Expedition, die etwas nördlicher über das damals noch britische Kanada verlaufen sollte. Franklin startete im Februar 1825, erst 1827 kehrte er zurück. Die Reise führte ihn zum *Great Bear River* und zur Mündung des *Mackenzie*, dann bis zur Küste des Polarmeeres. Eine seiner Aufgaben war es wiederum, meteorologische, geomagnetische und astronomische Daten über das Nordlicht zu sammeln, dazu war er mit der damals neuesten technischen Ausrüstung ausgestattet. Seine Beobachtungen auf der zweiten Expedition bestätigten ihm seine Theorien, auch sah er einen Zusammenhang zwischen Nordlicht und Stellung des Mondes. Diese Aussagen hielten jedoch späteren Überprüfungen nicht stand.

John Franklin fand bei seiner letzten großen Expedition zur Erforschung der Nordwest-Passage einen tragischen

Tod, auch die übrigen Teilnehmer kehrten nicht zurück. Man startete mehrere Expeditionen, um Spuren von ihm und seiner Mannschaft zu finden. Die Suchmannschaften überwinterten in der kanadischen Wildnis und sahen zahlreiche Nordlichter, wodurch die Kenntnis von diesen Erscheinungen in der zivilisierten Welt weitverbreitet wurde.

Im Jahr 1892/3 fand das 1. Internationale Polarjahr statt, das von dem Österreicher Carl Weyprecht angeregt und von dem deutschen Geowissenschaftler Georg Neumayer organisiert wurde (Kap. 5.6). Die deutsche Hauptstation befand sich im *Kingua-Fjord* auf der kanadischen Insel *Baffin Island*, die Nebenstation für Nordlichtbeobachtungen bei der Siedlung *Nain* in Nord-Labrador. Bei den ein Jahr dauernden Beobachtungen wurden zum ersten Mal geomagnetische Messungen gleichzeitig auf der Nord- und Südhalbkugel durchgeführt und systematisch Polarlichter beobachtet und von K. R. Koch gezeichnet (Abb. 4.7).

Erst zu Beginn des 20. Jahrhunderts, also mehr als 50 Jahre nach John Franklins Tod, begannen wieder vermehrt Expeditionen zu den arktischen und antarktischen Gefilden. Daran waren nun mehrere Länder beteiligt, und zahlreiche Beobachtungen von Polarlichtern waren das Ergebnis.

Breit angelegt waren die Studien, die Douglas Mawson auf der britischen Expedition in die Antarktis 1907–1909 unter der Leitung von Ernest Shackleton durchführte. Er studierte die täglichen und die monatlichen Variationen des Südlichts und seine Beziehung zum Erdmagnetfeld. Ihm gelang die erste erfolgreiche Fotografie eines Südlichts, wobei er eine 10-minütige Belichtungszeit verwendete. Nordlichter waren schon von dem Norweger Carl Störmer (Kap. 5.4 und 6.2) fotografiert worden.

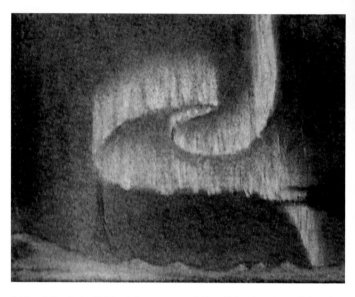

Abb. 4.7 Polarlichtzeichnung, veröffentlicht im Expeditionsbericht des 1. Internationalen Polarjahrs von Neumayer und Börgen (Band 1), 1882, Figur 4

Einer der bekanntesten Polarforscher wurde der Brite Robert Falcon Scott (1868–1912), der bei seinem Wettlauf um die Entdeckung des Südpols ums Leben kam. Vor dieser tragischen letzten Reise hatte er jedoch von 1901 bis 1904 mit seinem Schiff MS Discovery eine Expedition durchgeführt, die als Wegbereiter der britischen Antarktisforschung gilt. Auf Scotts Expeditionen wurden die Wachmänner beauftragt, besonders auf Südlichter zu achten. Den ganzen Winter durch wurden stündlich Beobachtungen gemacht und während der Nacht durch den Wachmann fortgesetzt. Beim Erscheinen von Südlichtern wurden verschiedene magnetische Daten gemessen.

Abb. 4.8 Polarlicht über Akureyri, Island am 4. Oktober 1899, Gemälde von Harald Moltke, reproduziert mit Genehmigung von Evind Moltke Schou von P. Stauning, Danish Meteorological Institute, Dänemark

Einer von Scotts Begleitern auf beiden Expeditionen war Edward Adrian Wilson, zugleich Arzt, Naturforscher und Maler. Ihm gelangen neben zahlreichen Bildern der polaren Landschaft auch einige Aquarelle von Südlichterscheinungen. Dabei waren nicht neue wissenschaftliche Erkenntnisse sein Ziel, sondern die Atmosphäre der Polarnacht. In Beschreibungen seiner Bilder beklagte Wilson die Unmöglichkeit, die vibrierende Schönheit dieser Erscheinungen sichtbar zu machen, sie auch nur anzudeuten. Doch kann man in seinen Aquarellen etwas von der Erhabenheit spüren, die Dunkelheit und Licht erzeugen.

Durch seine Bilder von Nordlichtern bekannt wurde auch der Däne Harald Moltke (1871–1960), der Teilnehmer einer Expedition des Dänischen Meteorologischen Instituts nach Island (1899) und nach Finnland (1900–1911) war. Seine Aufgabe war es, die Farben und Formen der Lichterscheinungen durch seine Malereien festzuhalten, dadurch entstanden brillante Bilder (Beispiel: Abb. 1.2 und 4.8). Auch andere begabte Künstler ermöglichten es, die Polarlichter nicht mehr als schreckliche Zeichen zu sehen, sondern als wundervolle Erscheinungen der Natur. Das beste Mittel zu ihrer Erfassung aber wurden Fotografie und Film.

5
Meilensteine zur naturwissenschaftlichen Erklärung

Nachdem im vorigen Kapitel erste naturwissenschaftliche Forschungen zum Polarlicht genannt wurden, sollen in diesem Kapitel weitere grundlegende physikalische Erkenntnisse zum Polarlichtverständnis behandelt werden. Sie spielten sich im 19. Jahrhundert allerdings zunächst auf „Nebenschauplätzen" ab.

5.1 Das Erdmagnetfeld

Die Kenntnis vom Erdmagnetfeld ist sehr alt. Noch vor den europäischen Seefahrern (Ferdinand Magellan, Christoph Kolumbus) im 15./16. Jahrhundert hatten die Chinesen um das Jahr 1000 n. Chr. eine Art Kompass benutzt. Die erste wissenschaftliche Untersuchung des Magnetismus veröffentlichte der englische Arzt William Gilbert um das Jahr 1600.

> **Das Magnetfeld der Erde**
>
> Könnte man die Magnetfeldlinien des irdischen Magnetfeldes sichtbar machen, so würde das Bild dem eines Stabmagneten ähneln.

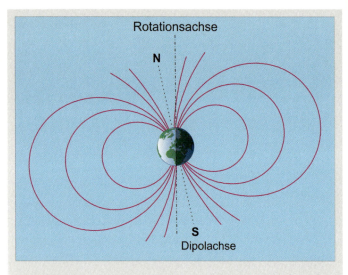

Die Physiker bezeichnen dieses Feld als *Dipolfeld*, weil es zwei Pole aufweist, den Nord- und den Südpol. Die magnetischen Pole fallen nicht mit den geografischen Polen zusammen. Die magnetische N-S-Achse ist etwa 11° gegen die Rotationsachse geneigt. Erzeugt wird das Feld im Wesentlichen durch Strömungsvorgänge im flüssigen Erdkern aufgrund des dynamoelektrischen Prinzips (nach dem auch jeder elektrische Generator arbeitet). Die Stärke eines Magnetfelds wird in der Einheit Tesla (T_i 1 µT = 1 Millionstel Tesla) angeben. Das Erdmagnetfeld weist am Äquator eine Stärke von etwa 30 µT, an den Polen von etwa 60 µT auf. Überlagert ist diesem erdmagnetischen Innenfeld ein viel schwächeres Magnetfeld, das durch Ströme in der Ionosphäre und Magnetosphäre (s. u.) verursacht wird. Dieser Anteil ist sehr variabel und hängt auch mit der Polarlichtaktivität zusammen (Kap. 8.2). Die Stärke dieses äußeren Feldes kann zwischen 0,01 und 1 µT variieren. Man bezeichnet diesen veränderlichen Anteil auch als magnetische Störungen.

Das Erdmagnetfeld ist kein reiner Dipol, es enthält auch noch Anteile höherer Ordnung (Multipole). Sie werden durch Magnetfeldmodelle erfasst, die es gestatten, das Erdmagnetfeld

> heute bis auf wenige Tausendstel µT genau zu beschreiben. Gemessen wird das Magnetfeld durch Magnetometer, die die drei Komponenten des Feldes erfassen. Schon seit den Zeiten von Carl Friedrich Gauß bezeichnet man sie als *Deklination* (Nordabweichung, d. h. horizontale Richtung), *Inklination* (Neigunswinkel zur Horizontalen, d. h. vertikale Richtung) und absolute Stärke des Feldes.
>
> Zur Bezeichnung: Physikalisch gesehen ist der magnetische Nordpol auf der Erde eigentlich ein Südpol und der magnetische Südpol ein Nordpol. Man müsste daher genauer von „nordweisenden" und „südweisenden" Polen sprechen.

Nach den Versuchen der schwedischen Forscher Anders Celsius und Olof Hjorter (Kap. 4.3) wusste man bereits seit 1741 von dem Zusammenhang zwischen dem Polarlicht und den erdmagnetischen Störungen. Letztere wurden im 19. Jahrhundert im globalen Zusammenhang studiert, nachdem Forscher wie der Deutsche Alexander von Humboldt, der Engländer Edward Sabine und der Norweger Christopher Hansteen entsprechende systematische Messungen auf ausgedehnten Expeditionen durchgeführt und ausgewertet hatten. Alexander von Humboldt und der Göttinger Astronom und Mathematiker Carl Friedrich Gauß organisierten mit dem „Göttinger Magnetischen Verein" ab Mitte der 1830er-Jahre ein internationales Messnetz für systematische geomagnetische Messungen. Dieses Netz umfasste zeitweise bis zu 50 Observatorien in Europa, Asien, Nordamerika, Afrika und der Südsee. Das war eine ungeheure organisatorische Leistung, wenn man bedenkt, dass die gesamte Koordination der Messungen damals über langwierige Briefkorrespondenz lief. Interessanterweise wurde allen diesen weltweiten Messungen die Göttinger Zeit zugrunde gelegt. Gauß war auch der Erste, der eine systematische mathematische Beschreibung des Erdmagnetfelds einführte.

Obwohl die weltweiten Messungen zunächst der Erforschung des Erdmagnetfeldes als solchem dienten, interessierten sich viele Forscher auch für den Zusammenhang mit den Polarlichtern. Wie erwähnt, nannte von Humboldt die unregelmäßig auftretenden Störungen im Erdmagnetfeld, die mit Polarlichtaktivität einhergingen, *magnetische Ungewitter*. Obwohl es damals noch keine physikalische Erklärung für diese Phänomene gab, hat sich dieser Name bis heute als „magnetischer Sturm" (engl. *magnetic storm*) erhalten (ausführlich in Kap. 7 und 8).

5.2 Sonnenaktivität

Im Kapitel 4 wurde beschrieben, dass bereits frühere Forscher einen Zusammenhang der Polarlichter mit Flecken auf der Sonne[1] (Abb. 5.1) vermutet hatten; im 19. Jahrhundert konnte dieser präzisiert werden. Ein Meilenstein dabei waren die Beobachtungen des Apothekers und Biologen Samuel Heinrich Schwabe aus Dessau, der die Astronomie eigentlich nur als Hobby betrieb. Er zählte von 1828 bis 1845 die Flecken auf der Sonne und entdeckte dabei, dass die jährliche Zahl der Sonnenflecken einem etwa elfjährigen Zyklus folgt. Schwabe erhielt dafür im Jahr 1857 die Goldmedaille der englischen Royal Astronomical Society.

---

[1] Die Flecken auf der Sonne wurden bereits seit dem 4. Jahrhundert v. Chr. von chinesischen Astronomen beobachtet. Im Abendland wurden sie erst zu Beginn des 17. Jahrhunderts von Galileo Galilei, Johannes Fabricius und Christoph Scheiner näher untersucht.

5 Meilensteine zur naturwissenschaftlichen Erklärung

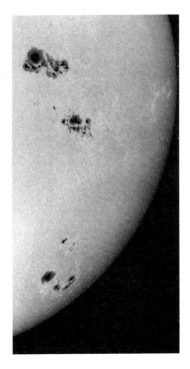

Abb. 5.1 Ausschnitt der Sonne mit Sonnenflecken am 16. Mai 2000. Sie erscheinen dunkel auf der hellen Sonnenscheibe, weil sie ca. 1800 Grad kühler sind als ihre Umgebung. Analogfotografie mit einem 4" Refraktor, Gelbfilter und Filterfolie der Stärke ND 4, Sternwarte Großhadern, München, von Hans Bernhard, Wikimedia Commons, GNU-Lizenz für freie Dokumentation

Er schickte seine Ergebnisse u. a. an den Züricher Astronomen Rudolf Wolf, der sie bestätigte und nun selbst intensiv die Sonnenflecken studierte. Aus historischen Beobachtungen konnte er die Sonnenfleckenzahlen, anknüpfend an Schwabes Zeitreihe, bis in das Jahr 1749 zurückverfolgen. Gleichzeitig entwickelte er eine Methode, die Sonnenfle-

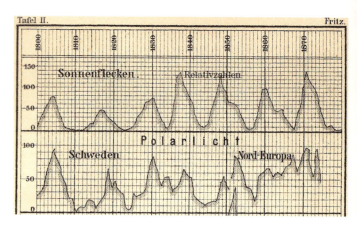

Abb. 5.2 Zeitlicher Verlauf der Sonnenfleckenzahlen und der Polarlichthäufigkeit. Originalzeichnung von H. Fritz aus seinem Buch: *Das Polarlicht* (1881)

cken noch zuverlässiger zu registrieren und als Maßzahl zu vereinheitlichen. Diese Wolfsche Sonnenfleckenrelativzahl (R) wird auch heute noch verwendet.

An der gleichen Universität in Zürich und in enger Zusammenarbeit mit Wolf war Hermann Fritz tätig. Neben seinem bereits erwähnten Katalog der Beobachtungen von Polarlichtern (Kap. 4.4) galt sein besonderes Interesse dem Zusammenhang zwischen den Sonnenflecken und der Polarlichtaktivität. Im Jahr 1862 konnte er nachweisen, dass beide Phänomene parallel verlaufen, d. h., auch in der Polarlichtaktivität gab es die elfjährige Periode, deren *Maxima* und *Minima* mit denen der Sonnenflecken etwa[2] zusammenfielen (Abb. 5.2). Im Jahr 1881 fasste Fritz seine und

---

[2] Bei genauem Hinsehen erkennt man, dass das Maximum der Polarlichthäufigkeit meistens 1–2 Jahre später eintritt als das Sonnenfleckenmaximum. Darauf wird in Kapitel 6.3 näher eingegangen.

frühere Forschungsergebnisse in einem 350-seitigen Fachbuch das Polarlichtwissen seiner Zeit zusammen. Es waren hauptsächlich die Ergebnisse systematischer Beobachtungen, die Fritz beschrieb: die Häufigkeit der Sichtbarkeit, die Gebiete der Sichtbarkeit, die Ausdehnung und Dauer der Polarlichter, die tägliche, jährliche und elfjährige Periode sowie den Zusammenhang mit Erdmagnetismus und Sonnenflecken. Auch der Lichterscheinung als solcher und dem „Polarlichtgeräusch" widmete er jeweils ein Kapitel. Er behandelte auch Zusammenhänge der Polarlichter mit der Witterung und dem Einfluss des Mondes; heute wissen wir, dass es derartige ursächliche Zusammenhänge nicht gibt.

5.3 Spektroskopie

Im Prinzip war seit der 2. Hälfte des 19. Jahrhunderts der Leuchtprozess beim Polarlicht bekannt. Nach der Entwicklung der *Spektralanalyse* durch Kirchhoff und Bunsen (siehe Kasten) hatte 1867 der schwedische Astronom Anders Jonas Ångström Polarlichter spektroskopisch vermessen.

Spektralanalyse

Im Jahr 1859 entdeckten der Physiker Gustav Robert Kirchhoff (1824–1887) und der Chemiker Robert Wilhelm Bunsen (1811–1899), dass verschiedene chemische Elemente die Flamme eines Gasbrenners auf ganz charakteristische Weise färben. Sie zerlegten dieses farbige Licht mit Hilfe eines Glas-Prismas in seine Bestandteile und fanden, dass es aus verschiedenen Linien, den sogenannten *Spektrallinien*, zusammengesetzt ist. Weißes Licht besteht aus einem *Spektrum*, das im sichtbaren

Bereich von Violett bis zu Rot reicht, man spricht dabei von einem kontinuierlichen Spektrum. Das farbige Licht, das Kirchhoff und Bunsen untersuchten, stellt im Gegensatz dazu ein Linienspektrum dar (siehe Grafik, mit Quecksilber als Beispiel). Die Linien sind für jedes chemische Element unterschiedlich und charakteristisch. Sie stellen gewissermaßen den „Fingerabdruck" des betreffenden Elements dar. Die Spektralanalyse gestattet es daher, aus den beobachteten Linien ein chemisches Element eindeutig zu identifizieren. Die Linien werden durch ihre Wellenlänge gekennzeichnet. Rotes Licht hat eine Wellenlänge von 600–700 nm, violettes etwa 400–450 nm (1 nm = 1 Nanometer, ein Milliardstel Meter). Die Spektrallinien eines Elements können auch im ultravioletten Bereich des Spektrums (Wellenlänge < 400 nm) und dem infraroten Bereich (Wellenlänge > 700 nm) liegen. Diese Spektralbereiche sind mit dem menschlichen Auge nicht sichtbar.

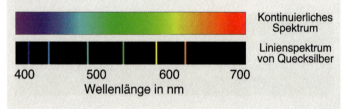

Ångström, der von 1858 bis 1874 an der Universität von Uppsala lehrte und forschte, war einer der Mitbegründer der *Astrospektroskopie*, d. h. der Analyse von Spektrallinien von Sternen, besonders auch der Sonne. Ihm zu Ehren wurde lange Zeit die Maßeinheit für die Wellenlänge der Spektrallinien Å benannt (heute benutzt man stattdessen *Nanometer*, wobei 1 nm = 10 Å ist). Bei seinen Himmelsbeobachtungen rief natürlich auch das Polarlicht sein Interesse hervor. Er verglich das Spektrum der Polarlichter mit dem Sonnenlicht und stellte dabei fest, dass das Polarlicht von einem selbstleuchtenden Gas stammen musste und kein an Eiskristallen oder Wolken reflektiertes Sonnenlicht war. Damit war eine wichtige Unklarheit über das Polarlicht beseitigt, denn seit dem 13. Jahrhundert war die Reflexions-Theorie immer wieder aufgetaucht. Das Spektrum der Polarlichter wird im Kapitel 6.1 genauer behandelt.

5.4 Elektrische Ladungsträger

Fast nichts wusste man im 19. Jahrhundert über die eigentliche Ursache und die zugrunde liegenden physikalischen Prozesse des Polarlichts. Es gab zwar vage Theorien, dass das Polarlicht etwas mit Elektrizität zu tun haben könnte (Kap. 4.3); viele Forscher betrachteten es als eine Art von elektrischer Entladung, wie sie z. B. auch beim Blitz vorliegt. Die eigentlichen physikalischen Grundlagen dieser Entladungen kannte man aber noch nicht. Das hatte seinen Grund: Obwohl die Elektrizität bereits seit etwa 300 Jahren bekannt war und gegen Ende des 19. Jahrhunderts bereits als Energieträger zur Verfügung stand[3], wusste man überhaupt noch nicht, was Elektrizität eigentlich war. Das änderte sich erst in den letzten Jahren des 19. Jahrhunderts mit der Entdeckung der elektrischen Ladungsträger, dem *Elektron* und den *Ionen* (siehe Kasten). Erst damit wurde klar, dass ein elektrischer Strom letztlich ein Fluss dieser Ladungsträger war. Mit der Erkenntnis, dass diese Ladungsträger ein Gas zum Leuchten anregen können, war ein wichtiger Prozess der Polarlichtentstehung entdeckt (Kasten im Kap. 6.1).

---
[3] Nach der Entdeckung des dynamo-elektrischen Prinzips durch Werner von Siemens und Anyos Jedlik im Jahre 1866 und der darauffolgenden Konstruktion von Generatoren wurde 1884 mit den *Berliner Elektricitäts-Werken* einer der ersten kommerziellen Stromversorger gegründet.

Atome, Moleküle, Ionen, Elektronen, Plasma

Atome sind die Grundbausteine aller Materie. Sie bestehen aus dem Atomkern, der aus *Protonen* und *Neutronen* zusammengesetzt ist, und ein oder mehreren *Elektronen*, die diesen Kern umkreisen. Protonen, Neutronen und Elektronen bezeichnet man auch als Elementarteilchen. Protonen und Neutronen wiegen je etwa $1{,}67 \times 10^{-27}$ kg, die Elektronen sind noch ungefähr 2000-mal leichter. Protonen tragen eine elektrisch positive Ladungseinheit, Elektronen eine elektrisch negative. Die Zahl der Protonen im Atomkern bestimmt die chemischen Eigenschaften eines Atoms. So enthält z. B. Wasserstoff, das einfachste Atom, nur ein Proton im Kern, Helium zwei, Sauerstoff 8 und das schwerste natürlich vorkommende Atom, das Uran, 92 Protonen. Die Anzahl der Neutronen ist variabel. Sie dienen gewissermaßen als Kitt für die Protonen und halten damit den Atomkern zusammen. Die Anzahl der Elektronen, die den Kern umkreisen, ist bei einem Atom immer genauso groß wie die Zahl der Protonen im Kern. Die positiven und negativen Ladungen heben sich also auf, das Atom ist daher elektrisch neutral. Nach dem Atommodell, das der dänische Physiker Niels Bohr um 1913 entwickelt hat, bewegen sich die Elektronen auf genau festgelegten Bahnen um den Kern.

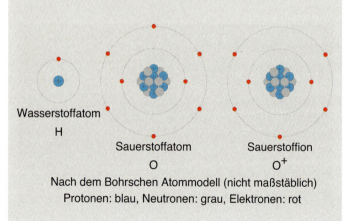

Wasserstoffatom
H

Sauerstoffatom
O

Sauerstoffion
O^+

Nach dem Bohrschen Atommodell (nicht maßstäblich)
Protonen: blau, Neutronen: grau, Elektronen: rot

5 Meilensteine zur naturwissenschaftlichen Erklärung

Von einem *Ion* spricht man, wenn dem Atom ein oder mehrere Elektronen fehlen. Positive und negative Ladungen heben sich dann nicht mehr auf, es gibt mehr Protonen als Elektronen. Ein Ion ist in diesem Fall also elektrisch positiv geladen. Elektronen können dem Atom durch Stoßprozesse entrissen werden (Stoßionisation) oder auch durch die Einstrahlung von Licht (Photoionisation). In der chemischen Formelschreibweise kennzeichnet man die positiven Ionen mit einem hoch gesetzten +Zeichen (z. B. Wasserstoffatom H^+, Ion des Sauerstoffmoleküls O_2^+). Es gibt auch negative Ionen, bei denen sich überzählige Elektronen an ein neutrales Atom anlagern.

Ein *Molekül* ist ein Gebilde, das aus zwei oder mehreren Atomen zusammengesetzt ist. So besteht z. B. das Wassermolekül H_2O aus zwei Wasserstoffatomen (H) und einem Sauerstoffatom (O). Die wichtigsten Gase in der Erdatmosphäre, Sauerstoff und Stickstoff, liegen ebenfalls als Moleküle vor: N_2 und O_2. Die Zahl aller das Molekül umkreisenden Elektronen ist gleich der Zahl aller im Molekülkern enthaltenen Protonen. Moleküle sind also ebenfalls elektrisch neutral. Wie Atome können aber auch Moleküle durch Stoßprozesse oder Licht ionisiert werden.

Atome haben eine Größe von etwa 1/10 nm, Moleküle können mehr als 1 nm groß sein.

Ein Gemisch aus Atomen, Molekülen, Ionen und Elektronen bezeichnet man als *Plasma*. In unserem täglichen Leben spielen Plasmen keine große Rolle. Eine Flamme stellt ein Plasma dar, auch ein Lichtbogen und das Innere einer Leuchtstofflampe. Die äußeren Schichten der Erdatmosphäre (s. u.) stellen ein Plasma dar, ebenso der Weltraum zwischen Sonne und Planeten, der interplanetare Raum. Insgesamt gesehen ist der Plasmazustand der häufigste im Universum, es besteht zu über 99 % aus Plasma.

Grundlegende Erkenntnisse über die Entstehung der Polarlichter gewann der norwegische Forscher Kristian Birkeland. Neben zahlreichen Beobachtungen bei Expeditionen unternahm Birkeland zu Beginn des 20. Jahrhun-

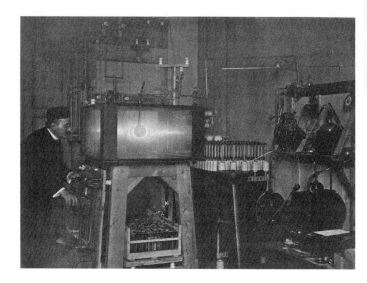

Abb. 5.3 Birkeland bei seinen *Terrella*-Experimenten. Die *Terrella* (Durchmesser 11,3 cm) befand sich in einem großen Vakuumtank mit 3 cm dicken Glaswänden. Aus: Birkeland: The Norwegian Aurora Polaris Expedition 1902–1903, Volume 1, 667, (1913)

derts auch als einer der ersten Forscher Laborexperimente zum Polarlicht. Er ging von der Hypothese aus, dass Elektronen von der Sonne das Polarlicht verursachen. Durch das Erdmagnetfeld sollten diese Teilchen in die polaren Gebiete der Erde gelenkt werden. Um seine Ideen zu beweisen, beschoss er eine magnetisierte und mit fluoreszierender Farbe bedeckte Kugel mit einem Elektronenstrahl. Diese *Terrella* („kleine Erde") sollte die Erde mit ihrem Magnetfeld simulieren (Abb. 5.3). Birkeland konnte damit in der Tat zeigen, dass die *Terrella* unter bestimmten Umständen in der Nähe der Pole leuchtete. Er hatte damit den Beweis erbracht, dass elektrisch geladene Teilchen für das

Polarlicht verantwortlich waren. Nur ein Punkt seiner Erklärung musste später revidiert werden: Die Elektronen kommen nicht direkt von der Sonne (Kap. 7.2).

Entsprechende Berechnungen zu den Bahnen der Elektronen im Erdmagnetfeld lieferte sein Schüler und Landsmann Carl Störmer (1874–1957). Der Rechenaufwand war gewaltig, da dabei komplizierte mathematische Gleichungen zu lösen waren und damals noch keine Computer zur Verfügung standen. Störmer hat mehr als 5000 Stunden gerechnet! Seine Ergebnisse lieferten entscheidende Details zur Polarlichtentstehung.

5.5 Die Ionosphäre

Ebenfalls wichtig für die Erklärung des Polarlichts war die Entdeckung der *Ionosphäre*. Im Jahr 1902 hatten Arthur Kennelly und Oliver Heaviside die Existenz einer elektrisch leitenden Schicht in der oberen Atmosphäre postuliert, nachdem bereits Guglielmo Marconi sie ein Jahr früher als Übertragungsmedium für seine drahtlose Nachrichtenübertragung von Europa nach Nordamerika benutzt hatte, ohne von ihr zu wissen. Der englische Physiker Sir Edward Appleton wies schließlich im Jahr 1924 die damals *Kennelly-Heaviside-Layer* genannte Schicht mit Hilfe von Radiowellen nach und erhielt dafür im Jahr 1947 den Nobelpreis. Man hatte damit entdeckt, dass in Höhen über 100 km (wo man das Polarlicht vermutete), eine elektrisch leitende Schicht existierte, in der elektrische Ströme fließen konnten. Bereits zu Beginn der 1860er-Jahre hatte der Engländer James Clark Maxwell mit den nach ihm benannten Gleichungen den Zusammenhang zwischen elektrischen Strömen und Magnetfeldern mathematisch beschrieben. Jetzt wusste man also, wo die Ströme fließen, die die Störungen im Erdmagnetfeld auslösten. Bereits Gauß hatte Spekulationen über derartige Ströme in der oberen Atmosphäre aufgestellt, ohne sie allerdings nachweisen zu können. Der Zusammenhang dieser Ströme mit den Polarlichtern konnte erst im 20. Jahrhundert vollends aufgeklärt werden (Kap. 8.1).

Aufbau der Erdatmosphäre

Die Geophysiker teilen die Erdatmosphäre in verschiedene „Stockwerke" ein, und zwar aufgrund des Temperaturverlaufs (siehe Grafik). Vom Boden bis in etwa 12 km Höhe erstreckt sich die *Troposphäre*. In dieser Schicht spielt sich unser Wetter ab, die Temperatur sinkt mit zunehmender Höhe bis auf Werte unter −50° Celsius in der sogenannten *Tropopause*. Darüber, in der *Stratosphäre*, steigt die Temperatur wieder an. Dieser Anstieg ist auf die Absorption der solaren Ultraviolettstrahlung durch das Spurengas Ozon („Ozonschicht") zurückzuführen, die Luft wird dabei erwärmt. Über der Stratosphäre liegt die *Mesosphäre*. Dort gibt es kaum noch Ozon, der Wärmezufluss fällt also weg. Zusätzlich wird die Luft durch Abstrahlung von Wärme in den Weltraum abgekühlt, was dazu führt, dass in der sogenannten *Mesopause* das Temperaturminimum der Atmosphäre erreicht wird. Dort herrschen je nach Jahreszeit Temperaturen bis unter −120 °C. In der *Thermosphäre* steigt, wie schon der Name sagt (*thermos* griech. „warm"), die Temperatur wieder an. Das liegt wiederum an der Absorption von Sonnenlicht, diesmal ist es der kurzwellige Teil des Ultravioletts sowie Röntgenstrahlung. Oberhalb von 300 km Höhe werden dabei über 1000 °C erreicht.

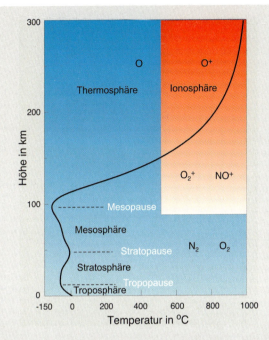

Ab etwa 90 km Höhe beginnt die *Ionosphäre*. Sie ist gewissermaßen in die Thermosphäre eingebettet. Hier werden Luftbestandteile durch die kurzwellige Sonnenstrahlung ionisiert, d. h., es werden ihnen ein oder mehrere Elektronen entrissen. Die Luft wird dadurch zu einem Plasma, bestehend aus Ionen, Elektronen und auch noch vielen neutralen Molekülen. Da, wie erwähnt, ein Plasma elektrisch leitfähig ist, fließen in Höhen über 90 km elektrische Ströme (mehr dazu im Kap. 8.2).

Zur chemischen Zusammensetzung der Atmosphäre: In den Schichten unter etwa 100 km Höhe liegt ein Gemisch vor aus Stickstoffmolekülen (N_2, 78 %), Sauerstoffmolekülen (O_2, 21 %) und einigen Spurengasen, wie z. B. Argon, Kohlendioxid, Methan und Wasserdampf (insgesamt 1 %). In der Thermosphäre verändert sich die Zusammensetzung dieses Gemisches aufgrund komplizierter chemischer Reaktionen. Der Hauptbestandteil dort sind Sauerstoffatome (O) und oberhalb

> von 1000 km Höhe Wasserstoffatome (H). In der Ionosphäre dominieren die positiven Ionen des Sauerstoffmoleküls (O_2^+), des Stickoxids (NO^+) und des Sauerstoffs (O^+).

5.6 Internationale Forschungen

Mit dem Piepsen des ersten künstlichen Erdsatelliten, des russischen „Sputniks", wurde am 4. Oktober 1957 eine neue Ära auch in der Polarlichtforschung eingeleitet. In den folgenden Jahren war es möglich, die elektrisch geladenen Teilchen, die das Polarlicht verursachen, an Ort und Stelle (*in situ*) zu studieren. Dabei wurden Forschungssatelliten (Beispiel: Abb. 5.4), aber auch Forschungsraketen benutzt. Künstliche Erdsatelliten boten die Möglichkeit, das Polarlicht und seine Eigenschaften über weite geografische Gebiete zu erfassen, während Forschungsraketen Informationen über die Höhenverteilung (Kap. 6.2) lieferten. Eingesetzt wurden in beiden Fällen komplizierte Instrumente, die Messdaten über die Herkunft der Teilchen, ihre Masse, ihre Energie, ihre Häufigkeit u. a. lieferten, die den Polarlichtforschern noch gefehlt hatten. Gleichzeitige Beobachtungen mit leistungsfähigen Kameras vom Boden aus ergänzten die in-situ-Experimente und lieferten Informationen über die Strukturen des Polarlichts.

Damit änderte sich die Erforschung der Polarlichter in grundlegender Weise. Es waren nicht mehr einzelne Forscher, die Experimente und Beobachtungen durchführten, sondern es waren Gruppen von Wissenschaftlern und Ingenieuren. Die technologischen und organisatorischen He-

5 Meilensteine zur naturwissenschaftlichen Erklärung

Abb. 5.4 CLUSTER – Ein Beispiel für eine besonders komplexe Satellitenmission. Die vier CLUSTER-Satelliten Salsa, Samba, Tango und Rumba fliegen seit dem 16. Juni 2000 in einer Formation durch den erdnahen Weltraum, um räumliche und zeitliche Strukturen aufzulösen und zu vermessen. ESA

rausforderungen beim Bau und dem Betrieb von Satelliten und Forschungsraketen und die Durchführung von Messkampagnen waren nur im Team zu lösen.

Gleichzeitig zwang diese Forschung immer mehr zu internationaler Zusammenarbeit, da der personelle Einsatz und die hohen Kosten selten von einem Land allein getragen werden können. Das hatten die Forscher bereits Ende des 19. Jahrhunderts erkannt; eines der ersten internationalen Großprojekte war das bereits erwähnte 1. Internationale Polarjahr (IPY, 1882/83), an dem sich elf Nationen mit etwa 700 Forschern beteiligten (Kap. 4.5). Nach dem 2. IPY 1932/33 fand 2007/08 das 3. IPY statt, an dem schon 60 Nationen mit fast 50 000 Forschern beteiligt waren. Dazwischen lagen das Internationale Geophysikalische Jahr (IGY) 1957/58 und das Internationale Jahr der Ruhigen Sonne (IQSY) 1964/65. Neben allen Bereichen der Geophysik, Meteorologie, Meereskunde etc. spielte bei diesen internationalen Unternehmungen die Erforschung des Polarlichts immer eine Rolle.

Die Erkenntnisse über das Polarlicht, die diese Forschungen lieferten und die den derzeitigen Stand des Wissens darstellen, werden in den folgenden Kapiteln erläutert. Man geht heute davon aus, dass die entsprechenden physikalischen Ursachen und Prozesse bis auf wenige Details erkannt sind. Das Polarlicht der Erde ist also im Wesentlichen entschlüsselt.

6
Die Eigenschaften des Polarlichts

Das Polarlicht wird durch elektrisch geladene Teilchen verursacht, die aus der *Magnetosphäre* in die Erdatmosphäre eindringen. Als Magnetosphäre bezeichnen die Geophysiker den Teil des erdnahen Weltraums, der noch vom Magnetfeld der Erde erfüllt ist. Die physikalischen Prozesse, die dabei ablaufen, werden im Kapitel 7 erläutert. In diesem Kapitel wollen wir uns mit dem Aussehen und dem räumlichen und zeitlichen Auftreten des Polarlichts beschäftigen.

6.1 Formen und Farben

Wer einmal in einer Winternacht in Nordeuropa oder Nordamerika Gelegenheit hatte, Polarlichter zu beobachten, wird von der Fülle der Formen und Farben, aber auch von der Dynamik der Erscheinung beeindruckt sein. Obwohl das Polarlicht in vielen Formen auftritt und keine zwei Erscheinungen sich vollständig gleichen, gibt es doch eine Reihe von Grundformen.

Die einfachste und am häufigsten auftretende Form ist der sogenannte *ruhige Bogen*. Er spannt sich in der Regel von West nach Ost und hat seinen Scheitelpunkt in der Nähe der

Abb. 6.1 Typischer ruhiger Bogen, aufgenommen von Satonori Nozawa (Univ. Nagoya, Japan) am 19. Februar 2010 über Nordskandinavien

Nordrichtung (Abb. 6.1, auch Abb. 4.3). Seine vertikale Breite beträgt einige Grad, seine horizontale Ausdehnung meist mehrere hundert Kilometer. Typischerweise leuchtet er grün und kann über mehrere Stunden ruhig am Himmel stehen.

Der ruhige Bogen ist häufig auch die Anfangsform dynamischer Erscheinungen. Bei stärkeren geomagnetischen Störungen (Kasten im Kap. 8.1) verformt sich der Bogen, es bilden sich Beulen, Falten (Abb. 6.2), manchmal auch *Spiralen* (Abb. 6.3). Das Ganze nennt man dann ein *Band* oder *Bänder*, denn bisweilen erscheinen mehrere davon übereinander. Verschmelzen die einzelnen Bögen, kann sich ein über einen weiten vertikalen Bereich leuchtender *Vorhang* (Abb. 4.6, links unten) bilden. In diesen sind meistens hellere *Strahlen* eingebettet. Gelegentlich ist der Vorhang dünn,

Abb. 6.2 Links: zwei zunächst noch ruhig übereinanderliegende Bögen, aufgenommen von Jan Curtis am 29. September 1997 bei Fairbanks/Alaska. Rechts: Wenige Minuten später beginnen sich die Bögen zu verformen, und Strahlen bilden sich aus.

Abb. 6.3 Bögen können sich auch zu Spiralen verformen. Aufgenommen am 23. Dezember 1999 von Maria Rahn über Kiruna/Nordschweden

Abb. 6.4 Polarlichtvorhänge über der Antarktis, durch die Sterne leuchten. Aufnahme von Samuel Blanc am 22. April 2006, Wikimedia Commons, Photo © Samuel Blanc

sodass man Sterne durch ihn hindurch schimmern sieht (Abb. 6.4). Auch die Farbe ist veränderlich, der Vorhang kann von grün zu rot und violett changieren (Abb. 6.5). Er ist häufig sehr dynamisch, man könnte fast sagen, er flattert wie in einem Luftzug.

Steht man direkt unter einem Vorhang, so beobachtet man eine sogenannte *Corona* (nicht zu verwechseln mit der in Kap. 7 besprochenen Sonnenkorona). Die Strahlen scheinen in einem Punkt zusammenzulaufen (Abb. 6.6 und auch Abb. 4.4, 4.5). Das ist ein perspektivischer Effekt, ähnlich wie bei geraden Eisenbahnschienen, die in großer Entfernung zusammenzulaufen scheinen, in Wirklichkeit aber parallel liegen. Häufig sind diese Strahlen rötlich bis violett gefärbt, bei sehr hellen Polarlichtern auch weiß. Wie

Abb. 6.5 In diesem Bild sieht man mehrere der Farben, die in Polarlichtern vorkommen können. Aufgenommen Mitte Juli 2004 mit einer Fischaugen-Kamera vom Observatoire Mont Cosmos, Quebec, Canada, Philippe Moussette

im Kapitel 7 genauer beschrieben, wird das Polarlicht durch Elektronen verursacht, die in die Erdatmosphäre einfallen. Sie bewegen sich entlang von Feldlinien des irdischen Magnetfeldes. Die hellen Strahlen bilden gewissermaßen diese Feldlinien ab (z. B. in Abb. 6.4, 6.5, 6.10b). Die Magnetfeldlinien führen in den Schweif der Magnetosphäre. Die dortige Verteilung und Struktur der Magnetfeldlinien verursachen letztendlich die verschiedenen Polarlichtformen.

Bei noch stärkeren geomagnetischen Störungen kann sich der ganze Himmel mit leuchtenden Spiralen, Bändern, Vorhängen und anderen Formen überziehen, die wabern und schnell ihre Form und Farbe ändern (Abb. 6.7). Dieses Schauspiel kann mehrere Stunden dauern und ist besonders eindrucksvoll (Beschreibungen in Kap. 4.3). Beim Ab-

Abb. 6.6 Eine sogenannte *Corona*, die Strahlen scheinen alle aus einem Punkt zu kommen. Aufgenommen von Jan Curtis am 8. November 1998 über Fairbanks, Alaska

flauen der geomagnetischen Aktivität löst sich das Ganze in einzelne leuchtende Flecken auf, die langsam erlöschen.

Den gesamten Himmel kann man heutzutage mit einer *All-Sky-Camera* beobachten und fotografieren. Es sind Geräte mit einer Fischaugenoptik, die es gestattet, das ganze Himmelsgewölbe abzubilden. Aus derartigen Bildern kann man besonders viel über die Formen der Polarlichter und ihre Veränderlichkeit lernen (Abb. 6.8).

Völlig neue Perspektiven liefern seit den 1970er-Jahren die Fotos, die aus dem Weltraum von hoch fliegenden Satelliten aufgenommen werden (Abb. 6.9). Sie gestatten es, das ganze *Polarlichtoval* abzubilden. Wie diese leuchtende „Krone" der Erde zustande kommt, wird im Kapitel 7.3 erläutert.

Abb. 6.7 Bei stark gestörten Bedingungen überzieht sich der ganze Himmel mit Bändern, Spiralen und Vorhängen. Aufgenommen am 13. Januar 2011 von Satonori Nozawa (Univ. Nagoya, Japan) über Ramfjordmoen bei Tromsø, Norwegen. Die erleuchtete Parabolantenne gehört zur europäischen Ionosphären-Forschungsanlage EISCAT, mit der u. a. viele Details der Polarlichtentstehung erforscht wurden. Der orange Strahl stammt von einem Laser zur Erforschung der Atmosphäre in 70–100 km Höhe.

Die Vielfalt der Formen und Farben, die bisher beschrieben wurde, zeigt sich meist nur in hohen geografischen Breiten, d. h. etwa nördlich von 60°N oder südlich von 60°S. In unseren mitteleuropäischen Breiten sind derartige dynamische Erscheinungen sehr selten. Hier beobachtet man meistens nur ein rotes oder grünes Glühen am Himmel, das sich nur langsam in seiner Struktur und Intensität verändert (Abb. 6.10a). Man spricht hier vom *diffusen Polarlicht* im Gegensatz zu dem oben erwähnten *diskreten* (Bögen, Bänder, Vorhänge). Die erwähnten Formen sind meis-

Abb. 6.8 Polarlichtaufnahme mit einer *All-Sky-Kamera*, die über eine Fischaugenoptik das ganze Himmelsgewölbe abbildet. Aufgenommen am 12. Dezember 2006 über Nordnorwegen von Hiroshi Miyaoka, National Institute for Polar Research, Tokyo, Japan

tens nicht ausgebildet. Doch keine Regel ohne Ausnahme: Bei sehr stark gestörten Bedingungen leuchten innerhalb des roten Bereichs hellere Strahlen auf, die sich schnell ändern können und von oben herabzuschießen scheinen (Abb. 6.10b).

Alle in Kap. 4 beschriebenen Beobachtungen können im Prinzip auf die hier beschriebenen Formen zurückgeführt werden.

Mit den Farben wollen wir uns noch etwas ausführlicher beschäftigen. Das Grundprinzip der Lichtemission wird im Kasten „Leuchtprinzip" erklärt.

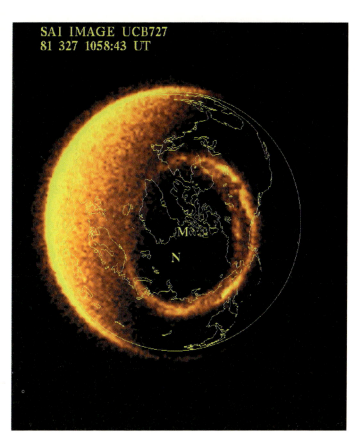

Abb. 6.9 Polarlicht aus dem Weltraum, aufgenommen als Falschfarbenbild aus etwa 20 000 km Höhe mit dem Spin-Scan-Auroral-Imaging (SAI)-Instrument auf dem Satelliten Dynamic Explorer-1. Die Umrisse der Kontinente wurden nachträglich eingefügt. M kennzeichnet den magnetischen Nordpol, N den geografischen. Der helle Bereich auf der linken Seite ist die sonnenbeschienene Seite der Erde. L. A. Frank, Univ. of Iowa, USA, NASA

Abb. 6.10a Typisches rotes Polarlicht in mittleren Breiten. Aufgenommen am 6. November 2001 um 03:40 MEZ von Karl Kaiser bei Schlägl in Oberösterreich

Abb. 6.10b Während einer sehr aktiven Phase in der Nacht vom 6./7. April 2000, um 23:20 UT, wurde dieses Bild von Ulrich Rieth bei Mainz-Bretzenheim aufgenommen. Unter solchen Bedingungen beobachtet man häufig auch grünes Polarlicht im unteren Bereich, was einer geringeren Ausgangshöhe entspricht (Kap. 6.2).

Leuchtprinzip

Der Aufbau von Atomen und Molekülen wurde im Kasten des Kapitels 5.4 erklärt. Durch Zusammenstöße mit Elektronen kann ein Atom, ein Molekül oder ein Ion „angeregt" werden. Dabei wird durch die Stoßenergie ein Elektron aus der Atomhülle auf eine weiter außen liegende Bahn befördert. Nach kurzer Zeit fällt es aber auf die ursprüngliche Bahn zurück, man sagt, das betreffende Atom/Molekül geht wieder in den Grundzustand über. Die Energie, die das Elektron auf die äußere Bahn gestoßen hat, wird beim Zurückfallen als kurzer Lichtblitz (*Lichtquant*) ausgestrahlt. Licht ist ja nichts anderes als eine Energieform. Da rote Lichtquanten einer niedrigeren Energie entsprechen als blaue, wird zum Emittieren von blauem Licht mehr Stoßenergie benötigt als zum Emittieren von rotem. Die Elektronen, die in die Erdatmosphäre eindringen, weisen ein breites Energiespektrum auf, sodass sie bei Zusammenstößen mit Atomen, Molekülen oder Ionen je nach ihrer

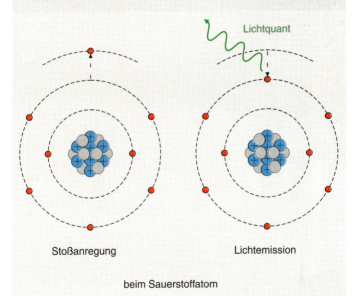

Stoßanregung Lichtemission

beim Sauerstoffatom

> Energie verschiedenfarbiges Licht erzeugen können. Zur Präzisierung muss darauf hingewiesen werden, dass es nicht die primär einfallenden Elektronen sind, die diese Anregungsprozesse verursachen, sondern sekundäre, die bei Stößen der primären Elektronen mit Atmosphärenbestandteilen entstehen.

Wie bereits beim Kasten *Spektralanalyse* erwähnt, strahlt jedes Atom, Molekül oder Ion *Lichtquanten* mit ganz bestimmten Wellenlängen aus. Beim Polarlicht sind es die atmosphärischen Gase, die das Licht emittieren, also im Wesentlichen Sauerstoff und Stickstoff. Das Spektrum des Polarlichts für den sichtbaren Bereich ist in Abb. 6.11 dargestellt.

Besonders auffällig ist das grüne Licht, das vom Sauerstoffatom abgestrahlt wird, mit einer Wellenlänge von 557,7 nm (siehe z. B. Abb. 6.3, 6.4). Das rote Licht, das besonders häufig bei Polarlicht in mittleren Breiten zu sehen ist, stammt ebenfalls vom atomaren Sauerstoff, es sind zwei dicht nebeneinanderliegende Linien mit einer Wellenlänge

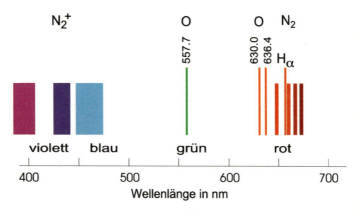

Abb. 6.11 Das Spektrum des Polarlichts im sichtbaren Bereich

von 630,0 und 636,4 nm. Blaues und violettes Licht wird hauptsächlich von Ionen des molekularen Stickstoffs N_2^+ abgestrahlt (z. B. Abb. 6.5). Die in der Abbildung 6.11 dick dargestellten Bereiche sind keine einzelnen Linien, sondern *Spektralbänder,* die bei Molekülen bzw. Molekül-Ionen vorherrschen. Das Gleiche gilt für die roten Bänder des Stickstoffmoleküls N_2. Zwischen diesen ist noch eine rote, mit H_α bezeichnete Linie eingetragen, sie stammt von Wasserstoffatomen. Ohne Hilfsmittel ist sie von den roten Linien des Sauerstoffs und den roten Bändern des Stickstoffmoleküls zu unterscheiden. Neben den Spektrallinien im sichtbaren Bereich weist das Polarlicht noch zahlreiche Linien im infraroten und ultravioletten Licht auf, sogar Röntgenstrahlen in geringer Intensität wurden nachgewiesen.

Zur grünen 557,7-nm-Linie ist noch ein interessantes historisches Detail erwähnenswert. Diese Linie konnte man zunächst im Labor keinem bekannten chemischen Element zuordnen. Einige Forscher vermuteten sogar, dass das Licht von einem neuen, bisher unbekannten Element (*Geocoronium*) stammen könnte. Erst im Jahr 1923 wurde dieses Rätsel gelöst: Die Spektroskopiker fanden heraus, dass diese Linie bei normalem Luftdruck (bei dem die Laborexperimente durchgeführt wurden) tatsächlich nicht vorkommt. Sie sprachen von einer *verbotenen Linie*. Bei normalem Luftdruck stoßen die Sauerstoffatome untereinander so häufig zusammen, dass die Anregungsenergie gleich wieder in Bewegungsenergie umgewandelt wird, dem Atom bleibt gewissermaßen keine Zeit, ein Lichtquant abzustrahlen. Das ändert sich erst bei sehr niedrigem Druck, wie er in Höhen oberhalb von 100 km herrscht: Dort ist die Häufigkeit von Stößen untereinander geringer, sodass die Sauerstoffatome zwischen zwei Stößen das grüne Licht emittieren können. Auch die rote Sauerstofflinie ist so eine verbotene Linie.

Sind mehrere Linien gleichzeitig mit hoher Intensität enthalten, so mischen sich die Farben zu weißem Licht (z. B. in Abb. 6.2, 6.15).

Die Intensität des Polarlichts ist sehr variabel. Die Helligkeit von Polarlichtern wird mit dem *International Brightness Coefficient* (IBC) angeben, der vier Stufen unterscheidet:

IBC = 1: 1 kR = etwa so hell wie die Milchstraße
IBC = 2: 10 kR = wie vom Mond beschienene dünne *Cirruswolken*
IBC = 3: 100 kR = wie vom Mond beschienene *Cumuluswolken*
IBC = 4: 1000 kR = wie bei Vollmond

Quantitativ misst man die Helligkeit eines Objekts in der Maßeinheit *Rayleigh* (R oder *kiloRayleigh*, kR), die entsprechenden Werte sind ebenfalls angegeben. Ein kR entspricht einem Lichtfluss von 1 Milliarde Photonen (Lichtquanten) pro Quadratzentimeter und Sekunde. Die Helligkeit von starkem Polarlicht reicht aus, um eine Zeitung lesen zu können, wie von vielen Beobachtern berichtet wurde.

Zum Schluss dieses Kapitels soll noch ein Phänomen besprochen werden, das in historischen Beschreibungen von Polarlichtern immer wieder erwähnt wurde. Es wurde als *dunkle Wolken*, *schwarzer Rauch* oder *schwarze Bänder* bezeichnet (vgl. Kap. 4.3). Fritz nennt sie in seinem Buch *dunkle Segmente*. Wie bereits erwähnt, gibt es keinen direkten Zusammenhang zwischen Polarlicht und Wetterphänomenen, wie z. B. Wolken. Ein Zusammentreffen des

Abb. 6.12 Beispiel für ein schwarzes Polarlicht (*Anti-Aurora*): Der Zwischenraum zwischen den Bändern erscheint außergewöhnlich dunkel. Aufnahme von Göran Marklund, KTH Royal Institute of Technology, Stockholm

Polarlichts mit Wolken ist daher rein zufällig. Was die damaligen Beobachter aber gesehen haben könnten, ist eine Erscheinung, die heute *Schwarzes Polarlicht* (engl. *black aurora*) genannt wird. Es handelt sich dabei um ungewöhnlich dunkle Flecken, Ringe oder Bänder, die innerhalb großflächiger heller Polarlichter auftreten, oder auch ungewöhnlich dunkle Bereiche zwischen hellen Bögen und

Vorhängen. Sie sind tatsächlich so auffällig, dass sich auch die Geophysiker mit dieser *black aurora* beschäftigt haben. Sie fanden heraus, dass es Gebiete sind, in die keine geladenen Teichen in die Atmosphäre einfallen, sondern im Gegenteil Bereiche, wo langsame Elektronen aus der Ionosphäre „herausgesogen" werden, also entlang von Magnetfeldlinien nach oben in die Magnetosphäre strömen. Da die von oben kommenden, schnellen Elektronen, die normalerweise ein Polarlicht verursachen, an diesen Stellen fehlen, gibt es dort keinerlei Leuchtprozesse, diese Gebiete erscheinen daher außergewöhnlich dunkel. Weil sie kein Polarlicht im herkömmlichen Sinne darstellen, bezeichnet man sie auch als *Anti-Aurora*.

6.2 Höhe

Die Höhenverteilung des Polarlichts ist eng mit seiner Farbe verknüpft, wie weiter unten erläutert wird. Zunächst aber noch einige historische Bemerkungen zum Problem der Höhenbestimmung.

Bis zum Ende des 19. Jahrhunderts war die Höhe, in der das Polarlicht aufleuchtet, umstritten. Bereits Edmund Halley hatte Anfang des 18. Jahrhunderts eine Methode angeben, diese Höhe zu berechnen, und zwar mit Hilfe der sogenannten *Triangulation*. Dabei messen zwei räumlich voneinander entfernte Beobachter den Winkel, unter dem ein Polarlichtdetail erscheint (Abb. 6.13).

Es muss dabei sichergestellt sein, dass beide tatsächlich dasselbe Detail beobachten. Das ist ohne schnelle Verständigung kaum möglich, da die Beobachter schon einige

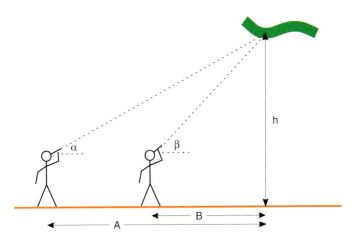

Abb. 6.13 Zwei Beobachter, die vom Fußpunkt eines Polarlichtdetails im Abstand A bzw. B stehen, sehen dieses Detail unter verschiedenen Winkeln α bzw. β. Aus diesen vier Größen lässt sich die Höhe h leicht berechnen.

10 km voneinander entfernt sein müssen, um eine ausreichende Genauigkeit zu erzielen. Daher lieferten derartige Triangulationsmessungen zunächst sehr widersprüchliche Ergebnisse, sie reichten von 10 km bis zu mehr als 1500 km Höhe. Die englischen Astronomen John Dalton und Henry Cavendish veröffentlichten 1789 und 1790 als Erste eine Höhe, die der heute gemessenen schon ziemlich nahe kam, nämlich 80–160 km. Erst mit dem Gebrauch des Telefons und dem Einsatz von Kameras wurden derartige Höhenmessungen zuverlässiger. Carl Störmer wertete zwischen 1911 und 1944 mehrere Zehntausend Bilder aus und erhielt als mittlere Höhe ungefähr 110 km.

Heute wissen wir, dass dieser Höhenwert etwa für das grüne Polarlicht gilt. Messungen mit Forschungsraketen in

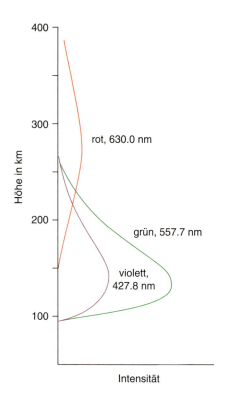

Abb. 6.14 Höhenverteilung der Polarlichtemission von drei vorherrschenden Farben

der zweiten Hälfte des 20. Jahrhunderts ergaben eine sehr genaue Höhenverteilung des Leuchtens (Abb. 6.14). Daraus erkennt man, dass das rote Polarlicht hauptsächlich aus Höhen oberhalb von 200 km stammt, das grüne aus Höhen darunter.

Diese Höhenverteilung ist ein Resultat der Höhenverteilung der atmosphärischen Gase (vgl. Kasten im Kap. 5.5) und der Energie der einfallenden Teilchen. Vereinfacht kann man feststellen: Haben die einfallenden Elektronen eine höhere Energie, so können sie tiefer in die Atmosphäre eindringen (bis herunter zu 90 km) und dort das grüne Licht anregen, für das mehr Energie erforderlich ist. Bei geringerer Energie dringen die Elektronen nur bis 200 oder 300 km Höhe ein und regen dort das rote Licht an, wofür weniger Energie erforderlich ist. Tatsächlich ist die Entstehung der in Abbildung 6.14 gezeigten Höhenverteilung des Leuchtens das Resultat komplizierter physikalisch-chemischer Prozesse, bei denen neben der Energieverteilung der einfallenden Elektronen und der Höhenverteilung der atmosphärischen Gase auch noch der Luftdruck, die Lufttemperatur und das Erdmagnetfeld eine Rolle spielen. Man kann diese Prozesse aber heute ziemlich genau berechnen.

Fotos, die aus dem Weltraum vom *Space Shuttle* aus aufgenommen wurden, zeigen diese Höhenverteilung der Polarlichtfarben sehr anschaulich (Abb. 6.15).

Aus der hier vorgestellten Höhe des Leuchtens folgt unmittelbar, dass man Polarlicht überhaupt nur bei klarem, d. h. wolkenfreiem Himmel beobachten kann. Da Wolken ja nur in Höhen zwischen einigen 100 m und etwa 6–8 km vorkommen, verdecken sie das viel höher gelegene Leuchten.

6.3 Geografische und zeitliche Verteilung

Nach der Behandlung der Höhe des Polarlichts schließt sich die Frage nach dem „Wo" und „Wann" an. Wo und wann kann man es beobachten?

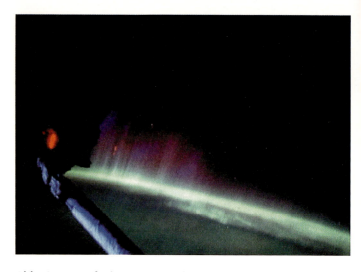

Abb. 6.15 Aufnahme eines Polarlichts vom *Space Shuttle* aus. Man erkennt im unteren Höhenbereich (100–150 km) das grüne Leuchten und darüber das rote und violette, das sich bis zu über 300 km Höhe erstreckt. NASA

Der Name Polarlicht lässt zunächst erwarten, dass die Erscheinung in der Nähe der Pole zu beobachten ist. Dabei hat sich aber mit der Erkenntnis des Erdmagnetfelds herausgestellt, dass es nicht die geografischen, sondern die magnetischen Pole sind, die hier die entscheidende Rolle spielen. Auch die „Nähe" muss präzisiert werden: Tatsächlich beobachtet man Polarlicht am häufigsten in einem ringförmig-ovalen Gebiet um die magnetischen Pole der Erde. Dieser Ring wird *Polarlichtoval* genannt. Wie dieser Ring zustande kommt und wie er sich mit der Tageszeit ändert, wird genauer im Kapitel 7.3 erläutert.

Ein frühes Indiz für die Existenz des Polarlichtovals waren die Schlussfolgerungen, die der bereits erwähnte Geo-

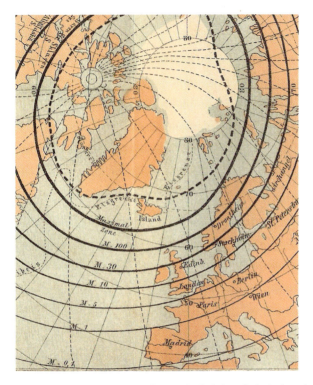

Abb. 6.16 Die Konturen gleicher Polarlichthäufigkeit (*Isochasmen*) nach Hermann Fritz, 1881 (Ausschnitt)

physiker Hermann Fritz aus seinem Polarlichtkatalog zog. Er zeichnete die Häufigkeit von Polarlichterscheinungen in eine Karte der nördlichen Halbkugel ein. Die Linien gleicher Polarlichthäufigkeit nannte Fritz *Isochasmen*, so wie die *Isobaren* die Linien gleichen Luftdrucks in der Wetterkarte darstellen. Auf der Abbildung 6.16 sind diese Linien als Bögen eingezeichnet. Der Bogen, der durch Norddeutschland geht, weist die Bezeichnung M = 5 auf. Das heißt, in der Nähe dieser Linie kann man im langjährigen Mittel etwa fünfmal im Jahr Polarlicht beobachten, wenn das Wetter es zulässt. Entsprechend bedeutet die Angabe M = 0,1, dass man im Mittelmeerraum statistisch gesehen nur alle zehn Jahre einmal ein Polarlicht sieht. Der Bogen, der Skandinavien ganz im Norden berührt, trägt die Bezeichnung „Maximal". Das heißt, dass man dort fast jeden Tag, wenn es das Wetter zulässt, Polarlicht beobachten kann. Noch weiter nördlich finden sich keine weiteren Maßangaben. Fritz schrieb aber, dass hier die Polarlichthäufigkeit wieder abnimmt, und zwar schneller als von der Maximallinie zum Äquator hin. Ihm lagen aber zu seiner Zeit zu wenig Beobachtungsergebnisse vor, um eine Häufigkeit angeben zu können. Heute wissen wir aus Satellitenbeobachtungen, dass dort nur selten Polarlicht vorkommt (eine Ausnahme s. u.).

Eine weitere interessante Angabe ist die gestrichelte Linie in Fritz' Karte, die mit „Linie neutraler Richtung der Sichtbarkeit" bezeichnet ist. Auf dieser Linie sieht ein Beobachter im langjährigen Mittel die gleiche Anzahl von Polarlichtern in südlicher wie in nördlicher Richtung, daher „neutrale Linie". Weiter zum Äquator hin sind Polarlichter am häufigsten in nördlicher Richtung zu beobachten, weiter zum Pol hin vorwiegend in südlicher.

Das Polarlichtoval ist im ruhigen Zustand ein 200–1000 km breites Band um Fritz' Maximal-Linie. Heute kann man es entweder direkt aus dem Weltraum mit Hilfe von Kameras auf Satelliten fotografieren (Abb. 6.9), oder man bestimmt es indirekt, z. B. aus Magnetfeldmessungen am Boden. Aus diesen Messungen kann man die Ströme, die in der Ionosphäre fließen, berechnen. Das Muster dieser Ströme bildet das Polarlichtoval ab, da diese Ströme und das

6 Die Eigenschaften des Polarlichts

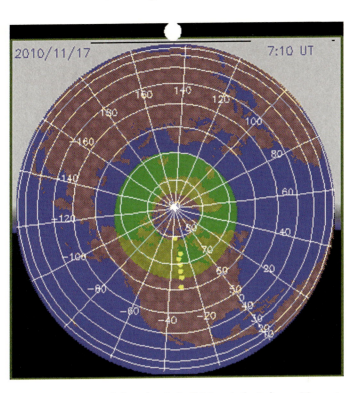

Abb. 6.17 Konstruktion des *Polarlichtovals* (grün) aus Magnetfeldmessungen des kanadischen *CARISMA*-Projekts. Der weiße Punkt an der Oberkante bezeichnet die Position der Sonne. Zu der angegebenen Zeit war also über Europa Nacht. Die gelben Rechtecke kennzeichnen die Kette der Messstationen. Universität Alberta, Kanada

Polarlicht letztlich die gleiche Ursache haben, wie im Kapitel 8.1 näher erläutert wird. Das *CARISMA*-Messprogramm der Universität von Alberta in Kanada unterhält ein derartiges Messnetz, das es gestattet, das Polarlichtoval zu jeder Tageszeit aktuell zu berechnen und abzubilden (Abb. 6.17).

Die Häufigkeitszahlen, die Fritz ermittelte, stimmen auch heute noch im langjährigen Mittel, wenn man tatsächlich nur Beobachtungen mit dem bloßen Auge berücksichtigt. Da man heute allerdings durch „Vorwarnung" (Kap. 8.5) schon vor dem Auftreten seine Kamera aufbauen und ins „Dunkle" fotografieren kann, erwischt man auch schwache Polarlichter, die mit dem bloßem Auge nicht oder kaum sichtbar sind.

Wichtig ist in der obigen Feststellung auch das Wort „langjähriges Mittel". Tatsächlich ändert sich die Polarlichthäufigkeit im Laufe des elfjährigen Sonnenaktivitätszyklus ja ganz beträchtlich, wie im Kapitel 5.2 beschrieben. So konnte man im Jahr 2001 im Aktivitätsmaximum 19-mal Polarlicht über Deutschland sehen, während für das Minimum 2009 keine Sichtung vorliegt.

Bei der Abhängigkeit der Polarlichthäufigkeit vom Sonnenaktivitätszyklus ist noch eine weiteres Detail erwähnenswert: Man hat festgestellt, dass die stärksten Ereignisse, bei denen auch in Mitteleuropa Polarlichter zu beobachten sind, meistens bei abnehmender Sonnenaktivität auftreten. Schaut man sich Fritz' Statistik in Abbildung 5.2 daraufhin noch einmal genauer an, so wird diese Aussage bestätigt: Tatsächlich liegen die Maxima der Polarlichthäufigkeit fast immer ein wenig hinter den Maxima der Sonnenfleckenzahl. Das gilt auch für den vergangenen Sonnenfleckenzyklus; in den Jahren zwischen 2002 und 2004 gab es mehr Polarlichter als im Sonnenfleckenmaximum 2001. Die Ursachen dafür liegen natürlich auf der Sonne, es ereignen sich dann dort besonders starke Explosionen (Kap. 7.4). Warum das aber so ist, wissen die Sonnenphysiker noch nicht genau.

6 Die Eigenschaften des Polarlichts

Erst in den letzten Jahrzehnten haben die Geophysiker eine jahreszeitliche Abhängigkeit der Häufigkeit erklären können, die empirisch schon lange bekannt war und auch im Buch von Fritz beschrieben wurde. Polarlicht tritt danach bevorzugt in den Wochen vor und nach der Tag- und Nachtgleiche (*Äquinoktien*) im März und September auf. Die Erklärung dafür ist kompliziert, sie hängt mit dem Zusammenwirken des interplanetaren Magnetfelds und des Erdmagnetfelds (Kap. 7.2) zusammen. Durch die Schrägstellung der Erdachse wird dieses Zusammenwirken zu Zeiten der Äquinoktien besonders begünstigt. Wer also eine Fotoexkursion zu Polarlichtern nach Nordskandinavien oder Alaska plant, sollte die Wochen um die Äquinoktien wählen.

Was die Tageszeit anbelangt, so muss es zur Beobachtung natürlich genügend dunkel sein. Dass Polarlicht deutlich bei Tageslicht zu sehen ist, wie in Abbildung 6.18, kommt bei uns nicht vor. Über die Nacht verteilt, beobachtet man bei uns in Deutschland deutlich mehr Polarlichter vor Mitternacht als danach, was mit der Lage des Polarlichtovals (Abb. 7.4) zusammenhängt.

„Dunkel" bedeutet allerdings nicht unbedingt nachts. Es gibt tatsächlich auch ein Tag-Polarlicht. Man kann es in Gegenden beobachten, wo es im Winter die ganzen 24 Stunden eines Tages dunkel ist, z. B. auf Spitzbergen.

Eine ganz besondere Polarlichtform wurde erst Anfang der 1980er-Jahre in ihrer vollen Gestalt entdeckt: die *Theta-Aurora* (Abb. 6.19). Ihren Namen verdankt diese Form der Ähnlichkeit mit dem griechischen Buchstaben Θ. Wie man auf der Abbildung erkennen kann, verbindet ein leuchtender Balken die Tagseite und die Nachtseite des Ovals. Ob-

Abb. 6.18 Polarlicht bei Tageslicht, aufgenommen am 27. Oktober 2010 von Satonori Nozawa (Univ. Nagoya, Japan) über Ramfjordmoen bei Tromsø, Norwegen

wohl dieser Balken vom Boden aus schon im Jahr 1908 in der Antarktis zum ersten Mal beobachtet wurde, konnte die Gesamtkonfiguration erst nach der Beobachtung des Polarlichtovals aus dem Weltraum erkannt werden. Hier haben wir also eine Ausnahme von der Regel, dass es innerhalb des Ovals kaum Polarlicht gibt. Die Entstehung der Theta-Aurora ist auch heute noch nicht vollständig geklärt. Sie ist nicht sehr häufig und tritt nur bei sehr ruhigen geomagnetischen Bedingungen auf, wenn das interplanetare Magnetfeld (Kap. 7) eine ganz spezielle Orientierung relativ zum Erdmagnetfeld aufweist.

Zur Lage des Polarlichtovals ist noch ein interessantes historisches Detail nachzutragen. Die Geophysiker wissen seit über 150 Jahren, dass das Erdmagnetfeld nicht kon-

6 Die Eigenschaften des Polarlichts

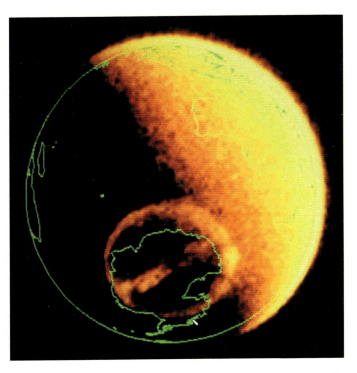

Abb. 6.19 Falschfarbenbild einer *Theta-Aurora* über der Antarktis, so genannt wegen der Ähnlichkeit mit dem griechischen Buchstaben Θ. L. A. Frank, Univ. Iowa, USA, NASA

stant ist, sondern sich langsam im Laufe von Jahrzehnten und Jahrhunderten ändert. Grund dafür sind sehr langsame Strömungsvorgänge im flüssigen Kern der Erde. Es verändert sich dabei nicht nur die Stärke, sondern auch die Konfiguration des Erdmagnetfelds, was zur Folge hat, dass die magnetischen Pole der Erde wandern. In Abbildung 6.20 ist diese Wanderung für die letzten 400 Jahre dargestellt. Während der magnetische Nordpol heute im

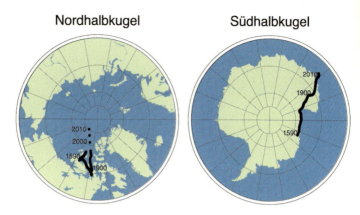

Abb. 6.20 Wanderung der magnetischen Pole in den letzten 415 Jahren. Monika Korte, Deutsches Geoforschungszentrum, Potsdam, 2010

Eismeer nordöstlich von Grönland liegt und stetig weiter in Richtung Sibirien wandert, lag er vor 400 Jahren weitaus südlicher. Noch weiter zurückreichende, auf Magnetfeldmodellen beruhende Rechnungen zeigen, dass der magnetische Nordpol in den Jahren um 350 v. Chr. und um 800 n. Chr. etwa oberhalb von Nordnorwegen lag. Damals hatte das Polarlichtoval daher eine ganz andere Lage. Die erste Zeitangabe fällt etwa in die Lebenszeit von Aristoteles, der, wie erwähnt, mehrfach Polarlicht im Mittelmeerraum beobachtete (Kap. 2.3). Das wäre mit der viel weiter südlichen Lage des Polarlichtovals erklärbar. In der Zeit zwischen 800 und 1200 n. Chr. ist die altnordische Liedersammlung der „Älteren Edda" entstanden. Es ist bemerkenswert, dass darin kaum etwas von Polarlichterscheinungen zu lesen ist. Möglicherweise lag Skandinavien damals tatsächlich in einer polarlichtarmen Zone.

6.4 Polarlichtgeräusche

In den Kapiteln 1 bis 4 wird immer wieder berichtet, dass viele Beobachter davon überzeugt waren, während Polarlichterscheinungen Geräusche zu hören.

Physikalisch ist das unmöglich, wenn man davon ausgeht, dass entsprechende akustische Signale im Hörbereich des menschlichen Ohres (ca. 30–16000 Hz) zugrunde liegen. Wie bereits erwähnt, ist die Luft in den Höhen der Polarlichtentstehung sehr dünn, nach irdischen Begriffen herrscht dort ein Vakuum. Wir haben aber im Physikunterricht gelernt, dass Schall sich im Vakuum nicht fortpflanzen kann. Schallsignale können daher unmöglich aus den großen Höhen zu unserem Ohr gelangen.

Dennoch haben einige Geophysiker diese große Zahl von Berichten, auch z. T. von Fachleuten, ernst genommen und andere Erklärungen vorgeschlagen. Dabei werden im Prinzip zwei Möglichkeiten diskutiert:

1. Im Kapitel 8 wird auf die starken elektrischen und magnetischen Felder hingewiesen, die zusammen mit Polarlichtern auftreten. Die wechselnden elektrischen Felder, die auch noch am Erdboden messbar sind, könnten über den *piezoelektrischen Effekt* in festen Körpern wie Holz, Steinen oder Eis akustische Signale auslösen, ähnlich wie bei einem modernen Hochtonlautsprecher. Es werden dabei also elektrische Signale in akustische umgewandelt, die man dann hören kann. Die entsprechenden Geräusche könnten ein Zischen, Knacken und Prasseln sein, wie von Polarlichtbeobachtern berichtet wird. Der dänische Geophysiker Eigil Ungstrup hat derartige Geräusche registriert, die auf der Umwandlung von elektro-

magnetischen in akustische Signale basieren. Eine damit verwandte Erklärung geht von elektrischen sogenannten *Büschelentladungen* oder *Koronaentladungen* aus, die z. B. auch während eines Gewitters (*Elmsfeuer*) oder an Hochspannungsleitungen auftreten. Es sind dazu hohe elektrische Felder notwendig, die an Spitzen diese Entladung auslösen. Sie sind ebenfalls von einem Zischen und Prasseln begleitet. Während eines Polarlicht hat man tatsächlich am Erdboden erhöhte elektrische Felder nachgewiesen, die z. B. an Zweigen, Grashalmen oder auch Haaren derartige Entladungen auslösen könnten.

2. Die erwähnten elektromagnetischen Feldänderungen könnten direkt auf das menschliche Gehirn wirken. Der Signaltransport in Nervenleitungen beruht ja auf elektrischen Änderungen der Zelleigenschaften. Die bei Polarlicht zeitgleich auftretenden Feldänderungen könnten diesen elektrischen Signaltransport zwischen Gehirn und Hörnerven beeinflussen bzw. stören. Diese Störungen könnte unser Gehirn als Geräusche interpretieren, obwohl sie nicht auf akustischen Weg in unser Ohr gelangen. Dieser Prozess muss nicht in jedem Menschen passieren, der Beobachter muss dafür empfänglich sein, wie ja manche Menschen sehr empfindlich auf Wetteränderungen reagieren, die auch häufig mit elektrischen Feldern verknüpft sind.

Die oben erwähnte Unmöglichkeit einer akustischen Signalübertragung vom Polarlicht zum Ohr gilt nur für Frequenzen oberhalb von etwa 10 Hz. Bei noch niedrigeren Frequenzen spricht man von *Infraschall*. Infraschallschwingungen treten erwiesenermaßen zusammen mit Polarlichtern auf und können sich bis zum Erdboden fortpflanzen. Sie liegen allerdings deutlich unter der Hörschwelle des menschlichen Ohrs. Es könnten aber in festen Körpern (Steine, Bäume) hörbare Oberwellen des Infraschalls angeregt werden.

Die vielen Berichte von Polarlichtgeräuschen sind also nicht von vornherein als Unsinn abzutun. Es besteht aber noch erheblicher Forschungsbedarf, bis sich vielleicht eine der Hypothesen durchsetzt.

7

Die physikalische Erklärung des Polarlichts

7.1 Sonne und Sonnenwind

Mit Recht haben die Menschen von alters her die Sonne als entscheidenden Licht- und Wärmespender und damit als Lebensspender angesehen. In vielen Kulturen wurde sie als Gott verehrt. Doch erst im 20. Jahrhundert wurden die wichtigsten physikalischen Prozesse, die in und auf der Sonne ablaufen, erkannt. Im Inneren tobt das Feuer der *Kernfusion*, wobei die Atomkerne des Wasserstoffs zu Helium-Atomkernen verschmelzen. Bei Temperaturen von mehreren Millionen Grad wird dabei im Sonnenkern eine unvorstellbare Energie freigesetzt, durch komplizierte Prozesse in die äußeren Schichten der Sonne (*Photosphäre*) transportiert, und von dort in den Weltraum abgestrahlt. Während die Photosphäre nur etwa 5700 K (Kelvin, 0 K = –273° Celsius) heiß ist, steigt die Temperatur in der Sonnenatmosphäre, der *Korona*, wieder auf 1 bis 2 Millionen K an. Das ist ein immer noch weitgehend ungeklärtes Rätsel der Sonnenphysik.

Wegen der großen Hitze der Sonnenkorona reicht selbst die enorme Schwerkraft der Sonne nicht aus, um sie zusammenzuhalten. So entweicht ständig ein Strom aus

ionisiertem Gas (Kasten im Kap. 5.4), das die gesamte *Heliosphäre* (d. h. unser ganzes Sonnensystem) erfüllt. Dieses Gas – *Sonnenwind* genannt – hat in Erdnähe normalerweise etwa die folgenden Eigenschaften:
- Strömungsgeschwindigkeit: 300 bis 800 km/s
- Teilchendichte: 3 bis 10 pro cm^3
- Zusammensetzung: 95 % Protonen, 4 % Heliumionen, geringe Anteile schwerer Ionen, entsprechend viele Elektronen zur Kompensation der positiven Ladung der Protonen

Die Eigenschaften des Sonnenwindes sind im Wesentlichen durch seine jeweilige Quelle in der Korona geprägt und können sehr unterschiedlich sein. Wie stark die Sonnenatmosphäre in der Tat strukturiert ist, weiß man von Sonnenfinsternisbeobachtungen schon lange (Abb. 7.1). Bei einer Sonnenfinsternis wird die extrem helle Sonnenscheibe durch den Mond abgedeckt, sodass die nur sehr schwach leuchtende Korona sichtbar wird. Vor der Zeit der Weltraumforschung waren Sonnenfinsternisse die einzige Möglichkeit, die Strukturen der Sonnenkorona zu studieren. Diese Strukturen rotieren mit der Sonne und verändern sich dabei ständig. Deshalb schwanken auch die Sonnenwindströme, die schließlich die Erde erreichen, in ihren Eigenschaften sehr stark.

In den Sonnenwind ist ein Magnetfeld eingebettet, das auch als *interplanetares Magnetfeld* bezeichnet wird. Im Vergleich zum Magnetfeld der Erde ist es sehr schwach (weniger als 0,01 % des Erdmagnetfelds). Dennoch spielt dieses Magnetfeld für die Polarlichtentstehung eine entscheidende Rolle.

7 Die physikalische Erklärung des Polarlichts   **155**

Abb. 7.1 Bei einer Sonnenfinsternis (24. Oktober 1995) wird die extrem helle Sonnenscheibe durch den Mond abgedeckt. Dadurch wird die sehr viel schwächer leuchtende *Sonnenkorona* sichtbar. Aufnahme von Fred Espenak über Dundlod, Indien. NASA

7.2 Die Magnetosphäre

Auf dem Weg des Sonnenwindes in Richtung Erde stellt das Magnetfeld der Erde ein Hindernis dar. Das Gebiet um die Erde herum, das vom Erdmagnetfeld erfüllt wird, nennt man *Magnetosphäre*[1]. Ohne Sonnenwind wäre sie symmetrisch, wie

---

[1] Der Name *Magnetosphäre* wurde um 1960 von dem österreichischen Astrophysiker Thomas Gold geprägt. Seine Kollegen prophezeiten ihm, dass sich dieser Name nie durchsetzen würde, weil der griechische Name „Sphäre" ja etwas Kreisrundes bedeutet. Sie hatten Unrecht, der Begriff Magnetosphäre hat sich fest in der Geo- und Astrophysik etabliert.

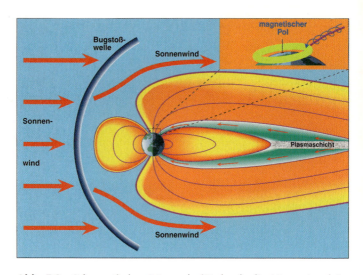

Abb. 7.2 Schematischer Längsschnitt durch die Magnetosphäre der Erde. Sie bildet sich durch die Wechselwirkung des Sonnenwindes mit dem Erdmagnetfeld. Die Magnetfeldlinien sind violett eingezeichnet. Der Bereich, in dem die elektrisch geladenen Teilchen, die das Polarlicht erzeugen, aus der *Plasmaschicht* zur Erde hin strömen, ist grün eingefärbt. In dem Insert oben rechts ist veranschaulicht, wie sich die Teilchen in spiralförmigen Bahnen um die Magnetfeldlinien bewegen und schließlich im hellgrün dargestellten Polarlichtoval den Leuchtprozess hervorrufen. Der *Magnetosphärenschweif* ist in dieser Abbildung bei einer Länge von etwa 100 000 km abgeschnitten, in Wirklichkeit ist er fast eine Million Kilometer lang.

wir es von den Feldlinien eines Stabmagneten her kennen (Kasten Kap. 5.1). Der Sonnenwind presst jedoch die Magnetosphäre auf der der Sonne zugewandten Seite (Tagseite) stark zusammen und zieht sie beim Vorbeiströmen auf der Nachtseite zu einem langen Schweif aus. (Abb. 7.2). Die Magnetosphäre ist riesig im Vergleich zur Erde, was in der sche-

7 Die physikalische Erklärung des Polarlichts

matischen Abbildung nicht dargestellt werden kann. Ihre Ausmaße gibt man zur besseren Veranschaulichung meistens in Einheiten des mittleren Erdradius R_e ($\approx$ 6371 km) an. In Richtung Sonne beträgt ihre Ausdehnung etwa 8–10 R_e, der Schweif hat eine Länge von mehreren 100 R_e, reicht also weit über die Mondbahn ($\approx$ 60 R_e) hinaus.

Es ist ein physikalisches Gesetz, dass sich elektrisch geladene Teilchen nicht quer zu Magnetfeldlinien bewegen können (siehe Kasten). Daher kann der Sonnenwind nicht direkt in die Magnetosphäre eindringen. Vielmehr strömt er um sie herum, wie ein Fluss um eine darin liegende Insel, nachdem er durch Ausbildung einer *Bugstoßwelle* von Überschall- auf Unterschallgeschwindigkeit abgebremst wurde.

Den Schweif der Magnetosphäre darf man sich nicht so gleichmäßig geformt vorstellen wie schematisch in Abbildung 7.2 dargestellt. Tatsächlich flattert er im Sonnenwind wie eine Fahne im irdischen Wind (siehe Animationen im Internet, Kap. 10). Auf komplizierte Weise können dabei im Schweif Elektronen aus dem Sonnenwind in die Magnetosphäre einsickern. Das ist über eine sogenannte *Feldlinienverschmelzung* möglich. Dabei verschmelzen Magnetfeldlinien des irdischen mit dem interplanetaren Magnetfeld. Das ist nur möglich, wenn die Richtung des interplanetaren Magnetfelds dem des Erdmagnetfeld entgegengesetzt ist. Wie im Kasten erläutert, können nun geladene Teilchen aus dem Sonnenwind entlang der verschmolzenen Magnetfeldlinien in die Magnetosphäre eindringen. Die Feldlinienverschmelzung ist ein komplizierter physikalischer Prozess, bei dem einige Details noch nicht vollständig verstanden werden. Die eingedrungenen Teilchen sammeln sich innerhalb der

Bewegung elektrisch geladener Teilchen in einem Magnetfeld

Die Bewegung elektrisch geladener Teilchen (Elektronen, Protonen, Ionen) wird durch komplizierte mathematische Gleichungen beschrieben. Diese Teilchen können sich nicht quer zu Magnetfeldlinien bewegen, sondern werden auf eine kreisförmige Bahn um diese gezwungen. Der Radius dieser Kreisbahn, der sogenannte *Gyrationsradius*, ist umgekehrt proportional zur Stärke des Magnetfeldes, bei schwachem Magnetfeld sind es also große, bei starkem kleine Kreise.

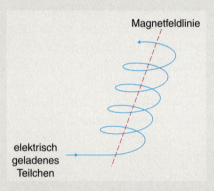

Keine Beschränkung in der Beweglichkeit gibt es allerdings längs der Magnetfeldlinien. Im Allgemeinen bewegen sich die geladenen Teilchen daher auf Spiralbahnen längs der Magnetfeldlinien. Die Bewegung von geladenen Teilchen in einem Magnetfeld erfolgt daher immer entlang der Feldlinien. Dieser Transport spielt überall im Weltall eine große Rolle, da es dort fast nur geladene Teilchen gibt und immer auch ein, wenn auch meistens schwaches, Magnetfeld vorhanden ist.

Magnetosphäre in der *Plasmaschicht* (Abb. 7.2) und bilden dort zusammen mit Ionen, die aus der irdischen Ionosphäre stammen, ein Teilchenreservoir. Man kann die Magnetosphäre als eine riesige magnetische Flasche betrachten, in die verschiedene Teilchenpopulationen eingeschlossen sind.

Der an der Magnetosphäre vorbeiströmende Sonnenwind wirkt zusammen mit dem Erdmagnetfeld wie ein Dynamo, der im Inneren der Magnetosphäre ein kompliziertes System von elektrischen Strömen antreibt. Eine Komponente dieser Ströme wird von den Elektronen der Plasmaschicht getragen, wobei diese entlang von Magnetfeldlinien aus dem Schweif auf die Erde zu strömen (grün eingefärbter Bereich in Abb. 7.2). Dabei werden sie beschleunigt, d. h., sie gewinnen an Energie. Man spricht jetzt von *heißen Elektronen*, im Sonnenwind waren sie relativ kalt. Auf ihrem Weg zur Erde hin bewegen sie sich auf spiralförmigen Bahnen um die Magnetfeldlinien (siehe Insert von Abb. 7.2). In der Nähe der Erde stoßen diese heißen Elektronen dann auf Gasteilchen der Erdatmosphäre und regen diese zum Leuchten an, wie in Kapitel 6.1 beschrieben. Dieses Leuchten beobachten wir als Polarlicht.

Nur die Feldlinien, die etwas unterhalb der magnetischen Pole beginnen, reichen weit in den *Magnetosphärenschweif* hinaus. An ihnen entlang können sich die Elektronen aus der Plasmaschicht auf die Erde zu bewegen. Daher ist dort, wo diese Feldlinien beginnen, das Polarlicht am häufigsten. Weder die weiter zum Pol hin noch die weiter zum Äquator hin beginnenden Feldlinien stellen im Normalfall eine Verbindung zur Plasmaschicht her, daher ist in den entsprechenden Breitengürteln selten Polarlicht zu sehen. Erstere führen durch den Magnetosphärenschweif in den

Weltraum hinaus, Letztere schließen sich vor Erreichen der Plasmaschicht, wie Abbildung 7.2 verdeutlicht. Da die Magnetosphäre ein dreidimensionales Gebilde ist, stellt der Bereich, in dem die Polarlichter am häufigsten auftreten, ein ringförmiges Gebiet um den magnetische Pol dar (Insert Abb. 7.2), das bereits in Kapitel 6.3 erwähnte Polarlichtoval.

Abbildung 7.2 verdeutlicht auch, dass die Magnetfeldlinien aus der Plasmaschicht bis in die Nähe des Südpols reichen. Dort spielen sich genau die gleichen Vorgänge ab wie auf der Nordhalbkugel der Erde. Dieses *Südlicht* haben Ureinwohnen, Seefahrer und Forschungsreisende beobachtet, wie in den Kapiteln 1.1 und 4.5 beschrieben. Man nannte es, wie bereits erwähnt, *aurora australis* im Gegensatz zur *aurora borealis* der Nordhalbkugel. Mit dem Begriff Polarlicht werden beide Phänomene gleichzeitig beschrieben. In der englischen Sprache hat sich die Bezeichnung *aurora* erhalten. Heute kann man von hochfliegenden Satelliten aus das Polarlicht um beide Pole gleichzeitig fotografieren (Abb. 7.3).

Wir wollen einen wichtigen Punkt der Polarlichtentstehung noch einmal herausstellen: Es sind nicht die „kalten" Elektronen des Sonnenwindes, die das Polarlicht verursachen, wie in populärwissenschaftlichen Darstellungen häufig verkürzend geschrieben wird. Vielmehr sind es die Elektronen aus der Plasmaschicht, die innerhalb der Magnetosphäre zur Erde hin beschleunigt und damit „heiß" werden und dann in der Erdatmosphäre das Polarlicht auslösen. Der Sonnenwind steuert allerdings über den beschriebenen Dynamoeffekt die gesamte Polarlichtaktivität.

Bisher wurden stets die Elektronen als auslösende Teilchen des Polarlichts genannt. Es gibt aber auch hier eine

7 Die physikalische Erklärung des Polarlichts 161

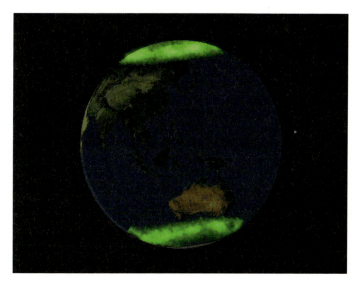

Abb. 7.3 Dieses von dem NASA Satelliten POLAR aufgenommene Foto zeigt, dass Polarlicht um beide Pole gleichzeitig auftritt. NASA

Ausnahme: das sogenannte *Protonenpolarlicht*. Bei bestimmten Sonneneruptionen (siehe nächstes Kapitel) können besonders energiereiche Protonen aus der Sonnenkorona herausgeschleudert werden. Sie rasen durch den Weltraum und werden in Erdnähe durch das Erdmagnetfeld zu den Polen hingelenkt. Dort dringen sie ohne den Umweg über den Magnetosphärenschweif in die Erdatmosphäre ein und regen sie, ähnlich wie die Elektronen, zum Leuchten an. Dieses Leuchten entsteht meist in großen Höhen, wo der Wasserstoff in der Erdatmosphäre dominiert. Das Protonenpolarlicht enthält daher hauptsächlich die Linien des Wasserstoffs, besonders auch die in Abbildung 6.11 eingezeichnete Linie H_α. Das entsprechende rote Leuchten ist meistens relativ schwach und unstrukturiert. Mit entsprechenden Spektrometern kann man es aber vom Boden und von Satelliten aus registrieren.

Es muss ausdrücklich darauf hingewiesen werden, dass die Vorgänge im Sonnenwind und in der Magnetosphäre hier sehr vereinfacht dargestellt wurden. Tatsächlich handelt es sich um komplexe Plasmaprozesse, die auch heute noch nicht in allen Details verstanden werden. Auf weitergehende Beschreibungen wird im Literaturverzeichnis verwiesen.

7.3 Das Polarlichtoval

Auf das bereits mehrfach erwähnte Polarlichtoval soll an dieser Stelle noch einmal etwas ausführlicher eingegangen werden.

Es handelt sich bei diesem Oval um ein ringförmiges Gebiet, dessen Mittelpunkt in der Nähe des magnetischen Pols liegt (etwa 4° zur Nachtseite hin verschoben). Wie die Abbildung 6.9 zeigt, ist es etwas unregelmäßig geformt. Sein Durchmesser beträgt normalerweise etwa 3000–4000 km, seine Breite etwa 200–1000 km, beide Größen sind aber sehr variabel. Auf der der Sonne zugewandten Seite ist der Ring etwas dünner (wir erinnern uns: Auf dieser Seite wird die Magnetosphäre durch den Sonnenwind zusammengepresst), auf der Nachtseite etwas dicker. Das ganze Gebilde ist immer in der gleichen Weise zur Sonne ausgerichtet; die Erde dreht sich im Laufe eines Tages darunter hinweg, wie in Abbildung 7.4 veranschaulicht. Man kann aus dieser Darstellung entnehmen, dass z. B. zwischen 18 Uhr und 0 Uhr Weltzeit das Oval am dichtesten bei Nordnorwegen liegt, zwischen 6

7 Die physikalische Erklärung des Polarlichts 163

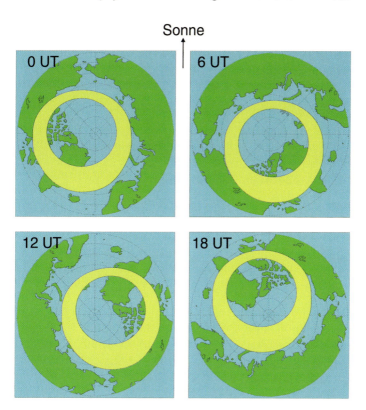

Abb. 7.4 Die Lage des *Polarlichtovals* zu verschiedenen Tageszeiten (UT = Weltzeit = MEZ + 1 h, die Zeit von Greenwich, England). Seine Orientierung relativ zur Sonne bleibt dabei erhalten.

und 12 Uhr Weltzeit etwa über Alaska und Ostsibirien (dann ist es dort Nacht). Zu diesen Zeiten kann man also am häufigsten Polarlicht an den genannten Orten beobachten.

Der Vollständigkeit halber soll noch erwähnt werden, dass das gesamte Gebiet, das das Polarlichtoval im Laufe von 24 Stunden überstreicht, *Polarlichtzone* genannt wird.

7.4 Sonnenstürme

Besonders dramatisch sind die Veränderungen im Sonnenwind bei großen *Eruptionen* auf der Sonne. Explosionsartig werden dabei gewaltige Energiemengen freigesetzt und riesige Gasblasen in den Weltraum geschleudert. Sie rasen in den interplanetaren Raum und können in manchen Fällen buchstäblich das gesamte Sonnensystem erschüttern. Im Kapitel 8 wird auf die verschiedenen Typen von Ereignissen ausführlich eingegangen.

Im Zusammenhang mit Polarlicht sind die *Massenauswürfe* aus der Sonnenkorona (englisch: *coronal mass ejections, CMEs*) entscheidend. Dabei werden riesige Gaswolken mit einer Masse von einigen 10 Milliarden Tonnen mit hohen Geschwindigkeiten ausgestoßen. Man kann sie nur mit einem Koronagrafen sichtbar machen, vorzugsweise vom Weltraum aus. Dabei muss die helle Sonnenscheibe künstlich abgedeckt werden (was der Mond bei einer Sonnenfinsternis bewirkt), sodass die millionenfach schwächer leuchtende Korona sichtbar wird. Deshalb hat die Entdeckung von CMEs bis 1971 gedauert, und es vergingen noch weitere Jahre, bis ihre Bedeutung gerade für die Polarlichter erkannt wurde. CMEs entstehen vielfach aus *Protuberanzen*. Das sind lange Schläuche aus relativ kaltem Gas, die in die heiße Korona eingebettet sind. Gänzlich unvermutet und sehr abrupt können sie sich auf einmal von der Sonne lösen und wie losgelassene Ballons mit hoher Geschwindigkeit davonfliegen.

Abbildung 7.5 zeigt ein schönes Beispiel für ein spektakuläres CME. Es treibt Dichtewellen vor sich her, die mit Überschallgeschwindigkeit in den interplanetaren Raum hi-

7 Die physikalische Erklärung des Polarlichts **165**

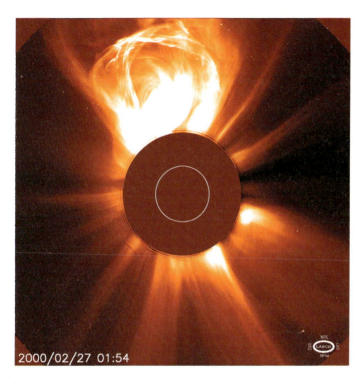

Abb. 7.5 Beispiel für einen koronalen Massenauswurf (*CME*), den der Koronagraph LASCO C3 auf der Weltraumsonde SOHO am 27. Februar 2000 aufgenommen hat. Die helle Sonnenscheibe liegt in der Bildmitte und ist durch eine Blende abgedeckt. SOHO Consortium. ESA, NASA

nausrasen. Aus der Entfernung Erde – Sonne von 150 Millionen km und den im Kapitel 7.1 genannten Geschwindigkeiten kann man ausrechnen, dass die Laufzeiten bis zur Erde zwischen zwei und vier Tagen, in Ausnahmefällen auch weniger als 24 Stunden betragen.

Details der Entstehung von CMEs sind immer noch weitgehend ungeklärt, und es gibt noch keine verlässlichen Hinweise, die bevorstehenden Eruptionen und deren Stärke vorherzusagen. Bei sehr starken Ereignissen treten CMEs zusammen mit Sonnenflares auf, die in Kapitel 8 näher beschrieben werden. Dabei spielen Magnetfelder auf der Sonne eine entscheidende Rolle. Die Sonnenphysiker glauben, dass beide Phänomene Produkte einer gemeinsamen tiefer liegenden Ursache sind, sozusagen Symptome einer noch verborgenen „magnetischen Krankheit", die dann auf ganz verschiedene Art und unvermutet zum Ausbruch kommt.

Anhand der Abbildung 7.2 wurde erläutert, dass Polarlicht am häufigsten im Polarlichtoval vorkommt. Warum kann man aber auch weiter äquatorwärts, also auch in unseren geografischen Breiten, gelegentlich Polarlicht beobachten? Grund dafür sind die extrem starken CMEs und die dabei ausgelösten *Schockwellen* (eine ähnliche Erscheinung wie der Überschallknall bei einem Flugzeug). Dadurch wird der Sonnenwind „böig" oder gar zum Sturm. Die Magnetosphäre der Erde wird bei so einem Sonnensturm besonders stark verformt und durchgeschüttelt. Es tobt dann der bereits im Kapitel 5.1 erwähnte magnetischen Sturm (siehe auch Kasten im Kap. 8.1). In seiner Folge breitet sich die Plasmaschicht weiter zur Erde hin aus. Dadurch gelangen Magnetfeldlinien in ihren Einflussbereich, die viel weiter äquatorwärts beginnen als diejenigen, an denen die Elektronen normalerweise entlang strömen. Es können also „heiße" Elektronen aus dem Magnetosphärenschweif auch in diese, weiter äquatorwärts liegende Gebiete einfallen. Das bedeutet, dass sich das Polarlichtoval weiter zum Äquator hin ausbreitet als beim ruhigen Sonnenwind (Abb. 7.6a).

7 Die physikalische Erklärung des Polarlichts

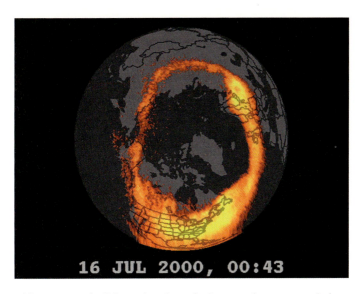

Abb. 7.6a *Polarlichtoval* während eines starken magnetischen Sturms als Falschfarbenbild. Wie man sieht, ist das Oval stark nach Süden hin ausgeweitet. Sogar in der Karibik und in Mitteleuropa konnte man während dieses Ereignisses Polarlichter sehen. Die Zeit 00:43 UT zeigt, dass zu dieser Zeit in Kanada und Amerika Abend war, in Europa früher Morgen. NASA

Dadurch können auch bei uns in Mitteleuropa (Abb. 7.6b) und bei sehr starken Sonneneruptionen sogar im Mittelmeerraum Polarlichter beobachtet werden.

Wie bereits im Kapitel 5.2 beschrieben, durchläuft die Sonne einen Aktivitätszyklus von elf Jahren. In Abbildung 7.7 ist der Verlauf der Sonnenfleckenzahl, die zur Charakterisierung der Aktivität benutzt wird, noch einmal über einen langen Zeitraum dargestellt. In den letzten Jahren war die Sonne sehr ruhig, das Aktivitätsminimum lag im Jahr 2009, das nächste Maximum wird für 2012/14 er-

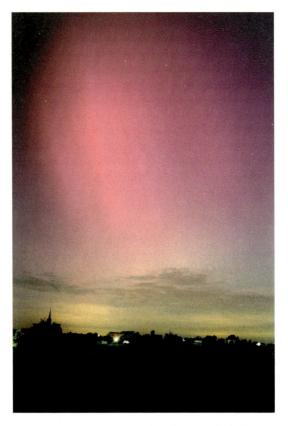

Abb. 7.6b Etwa zwei Stunden früher (22:40 UT) als das Satellitenbild von Abbildung 7.6a wurde dieses Polarlicht von Uwe Bachmann bei Langstadt in Hessen aufgenommen. Zu dieser Zeit reichte das *Polarlichtoval* bis in den Mittelmeerraum.

wartet. In den nächsten Jahren können also auch bei uns wieder häufiger Polarlichter beobachtet werden. Das erste Polarlicht des neuen Sonnenfleckenzyklus, das in Norddeutschland mit bloßem Auge beobachtet werden konnte,

7 Die physikalische Erklärung des Polarlichts

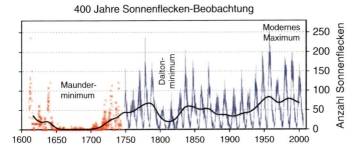

Abb. 7.7 Die Sonnenflecken-Relativzahl gibt die Zahl der Flecken auf der Sonne an und ist ein Maß für die Sonnenaktivität. Ähnliches Bild wie Abbildung 5.2, aber für einen längeren Zeitraum. Die blaue Kurve ist eine Fortsetzung der 1749 begonnenen Serie von Rudolf Wolf (Kap. 5.2), die roten Kreuze sind das Ergebnis einer kürzlichen Studie von Hoyt und Schatten (1998), die auf historischen Berichten beruht. Auf das *Maunder-Minimum* wird in den Kapiteln 4.2 und 8.3 eingegangen. Robert A. Rohde, Global Warming Arts, GNU, Free Documentation License

ereignete sich in der Nacht vom 3./4. August 2010 (siehe auch Abbildung 8.2).

Die Sonne rotiert in etwa 27 Tagen einmal um sich selbst. Ein aktives Gebiet auf der Sonne nimmt also relativ zur Erde nach dieser Zeit wieder die gleiche Position ein. Dabei kommt es häufig vor, dass dieses Gebiet dann immer noch aktiv ist. Das erklärt die schon früh beobachtete 4-wöchige Wiederkehr von Polarlichterscheinungen. Manchmal sind die Störungsgebiete auf der Sonne so groß, dass sie trotz der Sonnendrehung die Magnetosphäre über mehrere Tage beeinflussen können. Bei schweren Sonnenstürmen kann daher Polarlicht manchmal an mehreren Tagen hintereinander beobachtet werden.

Während eines magnetischen Sturmes passieren in der Erdumgebung außer dem Polarlicht noch weitere Phänomene. Sie werden unter dem Begriff *Weltraumwetter* zusammengefasst und im nächsten Kapitel behandelt.

8
Das Weltraumwetter und seine Auswirkungen

Neben dem bereits erwähnten Sonnenwind gehen von der Sonne noch andere Teilchen und Strahlungen aus, die in Abbildung 8.1 schematisch dargestellt sind. In ihrer Gesamtheit bezeichnet man die Wirkung dieser Phänomene auf den erdnahen Weltraum und die Erdatmosphäre als *Weltraumwetter*.

Am besten lässt sich der Begriff Weltraumwetter im Vergleich mit unserem irdischen Wetter erklären, welches durch die Wärmestrahlung und das sichtbare Licht von der Sonne verursacht wird (Abb. 8.1 links). Diese Strahlung durchquert den Weltraum fast unbeeinflusst und wird erst in der Troposphäre absorbiert. Durch unterschiedliche Erwärmung (Tagseite, Nachtseite) entstehen Temperaturunterschiede und daraus Druckunterschiede in der Atmosphäre, die unter Einfluss der Erddrehung schließlich zu Hoch- und Tiefdruckgebieten führen. Diese erzeugen die Windsysteme; Verdunstung und Kondensation von Wasserdampf – gesteuert durch die wechselnden Temperaturen – bestimmen die Niederschläge.

Die Sonne emittiert neben Licht und Wärme aber noch andere Strahlungsarten und Teilchen, die wir mit unseren Sinnen nicht wahrnehmen können und von deren Exis-

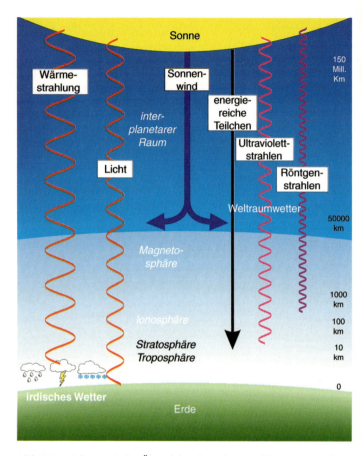

Abb. 8.1 Schematische Übersicht über die verschiedenen Wellen- und Partikelstrahlungen, die von der Sonne ausgehen und das Weltraumwetter beeinflussen.

tenz wir erst seit der Erforschung des erdnahen Weltraums durch Satelliten wissen. Neben dem Sonnenwind sind das energiereiche Protonen, die bei *Flares* (s. u.) emittiert werden und die tief in die Erdatmosphäre eindringen, sowie

Ultraviolett- und Röntgenstrahlen, die in der Stratosphäre und Ionosphäre absorbiert werden.

8.1 Weitere Auswirkungen des Sonnenwindes

Das Polarlicht ist nicht das einzige Weltraumwetterphänomen, das durch den Sonnenwind verursacht wird.

Zu den Stromsystemen in der Magnetosphäre, die im vorigen Kapitel kurz erwähnt wurden, gehört auch der *polare Elektrojet*. Es ist ein elektrischer Strom, der horizontal in der polaren Ionosphäre in etwa 110 km Höhe fließt. Der Querschnitt der Stromschicht beträgt etwa 30 km (in der Höhe) x 100 km (in Nord-Südrichtung), und er fließt je nach Tageszeit von Osten nach Westen oder von Westen nach Osten. Der Stromkreis schließt sich durch die Magnetosphäre. Während des „ruhigen" Sonnenwinds liegen die Gesamtstromstärken bei einigen 1000 Ampere. Bei gestörten Bedingungen (siehe Kasten) dringen besonders viele Elektronen aus der Magnetosphäre in die Ionosphäre ein. Sie bewirken eine Zunahme der Ionisation, was eine Erhöhung der elektrischen Leitfähigkeit zur Folge hat. Die Stromstärke im Elektrojet nimmt daher zu und kann Werte von über einer Million Ampere erreichen.

Dieser zeitlich sehr variable Elektrojet erzeugt ein Magnetfeld, das dem konstanten Erdmagnetfeld überlagert ist und am Boden gemessen werden kann. Damit ist schließlich der schon seit Hjorter und Celsius (Kap. 4.3) beobachtete Zusammenhang zwischen Polarlichtaktivität und Änderungen des Magnetfelds erklärt. Beide hängen nicht unmittelbar

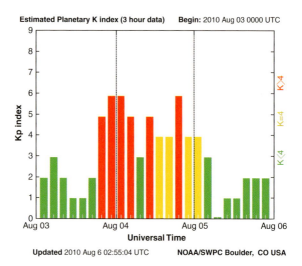

Abb. 8.2 Kp-Werte für drei aufeinanderfolgende Tage, wie sie aktuell jeweils von der amerikanischen Weltraumwetterzentrale NOAA/SWPC in Boulder/Colorado ins Internet gestellt werden. Bei diesem Ereignis handelt es sich um den ersten stärkeren magnetischen Sturm des neuen Sonnenfleckenzyklus.

voneinander ab, haben aber die gleiche Ursache: die aus der Magnetosphäre in die Atmosphäre/Ionosphäre einfallenden Elektronen. Änderungen im Erdmagnetfeld und Polarlicht sind also zwei nahezu parallel verlaufende Erscheinungen des Weltraumwetters. Das Polarlicht ist allerdings der einzige sichtbare Indikator für das Weltraumwetter!

Die Magnetfeldänderungen verdienen eine etwas ausführlichere Behandlung: Die Schwankungen des geomagnetischen Feldes hat besonders Carl Friedrich Gauß vor etwa 180 Jahren beschrieben, studiert und mathematisch behandelt. Seit dieser Zeit misst man diese Variationen mit global verteilten Magnetometern. Aus derartigen Messdaten entwickelte der Geophysiker Julius Bartels im Jahr 1949 an der Universität Göttingen die Kennziffer Kp, die die globale geomagnetische Aktivität beschreibt. Noch heute wird Kp als ein quantitativer Parameter zur Kennzeichnung des Weltraumwetters benutzt (Abb. 8.2).

> **Magnetische Stürme, magnetische Kennziffern**
>
> Kp (das p steht für „planetar") wird aus den magnetischen Aufzeichnungen von 13 global verteilten Stationen ermittelt, von denen elf auf der Nordhalbkugel und zwei auf der Südhalbkugel liegen. Die Kennziffer wird als Mittel über drei Stunden berechnet und kann die Werte von 0 bis 9 annehmen, wobei die einzelnen Stufen noch durch das Anhängen eines hochgestellten Index unterteilt werden, z. B.: 2^-, $2°$, 2^+, 3^-, $3°$ usw. Dabei benutzt man ähnlich wie bei der Beaufort-Skala für Winde die folgenden Begriffe:
> Kp = 0–1: sehr ruhige Bedingungen
> Kp = 2–3: ruhige Bedingungen
> Kp = 4–5: mäßig gestörte Bedingen
> Kp = 6–7: stark gestörte Bedingungen
> Kp = 8–9: sehr stark gestörte Bedingungen
>
> Kp ist ein logarithmisches Maß (wie auch die Richterskala bei Erdbeben). Daneben führte Bartels noch die Kennziffer ap ein, die das entsprechende lineare Maß darstellt, das z. B. für Mittelungen benötigt wird. Bartels gelang es, die ap- und Kp-Werte rückwirkend bis 1932 zu berechnen und zu katalogisieren. Für frühere Zeiten gab es nicht genug weltweite Stationen. Um auch für die Vergangenheit ein quantitatives Maß für die geomagnetische Aktivität zu haben, wurde der AA-Index eingeführt. Zu seiner Berechnung werden jeweils nur die Daten einer Station auf der Nordhalbkugel (England) und einer auf der Südhalbkugel (Australien) herangezogen. Der AA-Index konnte rückwärts bis 1868 berechnet werden.
> Bei Kp-Werten größer als 6 spricht man von einem *magnetischen Sturm*. Wie bei den normalen Stürmen gibt es eine „Hit-

liste" der stärksten geomagnetischen Stürme seit 1868 (Der in der Tabelle benutzte AA*-Index kennzeichnet den höchsten AA-Index während eines 24-h-Intervalls):

Datum	AA*-Index (nT)	maximales Kp
1989, 13./14. März	441	9°
1941, 18./19. Sept.	429	9°
2003, 10./11. Mai	381	7⁻
1940, 24./25. März	377	9°
1960, 12./13. Nov.	372	9°
1959, 15./16. Juli	357	9°
1921, 14./15. Mai	356	damals noch nicht definiert
1909, 25./26. Sept.	333	damals noch nicht definiert

Neben dem ap- und Kp-Wert benutzen die Geophysiker heute noch eine Reihe anderer Indizes, die spezielle Prozesse während des Verlaufs eines geomagnetischen Sturms kennzeichnen.

8.2 Teilchen und Ströme

Wo Ströme durch einen widerstandsbehafteten Leiter fließen, erzeugen sie Wärme (Beispiel: elektrische Heizplatte). Das gilt auch für den Elektrojet, der das Plasma der Ionosphäre erhitzt. Das Plasma gibt die Wärme an das Neutralgas der Atmosphäre ab, wodurch auch diese aufgeheizt wird. Obwohl die Wärmequelle zwischen 100 und 200 km Höhe liegt, wird letztlich die gesamte Thermosphäre (zwischen etwa 90 und 1000 km Höhe) erwärmt und dehnt sich dadurch aus. Wegen der Lage des polaren Elektrojets wird diese Wärme zunächst in hohen geografischen Breiten zugeführt, gelangt dann aber durch dynamische Prozesse (Winde und atmosphärische Wellen) auch in niedrigere Breiten.

Die bisher beschriebenen Prozesse laufen ständig ab, weil der Sonnenwind ja immer strömt. Seine Eigenschaften ändern sich jedoch bei explosiven Prozessen auf der Sonne (Kap. 7.4). Dabei spielen, wie erwähnt, die sogenannten *CMEs* eine wichtige Rolle.

Etwa zwei bis vier Tage nach einem CME hat der böige Sonnenwind die Magnetosphäre erreicht, „rüttelt" an den Magnetfeldlinien und lässt ihren Schweif flattern wie eine Fahne im irdischen Wind. Dadurch werden die in Kapitel 7 beschriebenen Prozesse in der Magnetosphäre, Ionosphäre und Atmosphäre ganz erheblich intensiviert.

Diese Vorgänge haben ihrerseits dramatische Einflüsse auf technische Systeme und können zu erheblichen Störungen führen, die in Abbildung 8.3 schematisch dargestellt sind:

Die Stromstärke des polaren Elektrojets variiert während eines Magnetsturms in unregelmäßiger Weise, auf Zeitskalen von Sekunden bis zu mehreren Minuten, es ist also ein Wechselstrom. Der Elektrojet stellt daher die Primärspule eines riesigen Wechselstrom-Transformators dar. Dessen Sekundärspulen können z. B. lange Überlandleitungen sein, wobei der Stromkreis sich durch den Erdboden schließt. Aufgrund der zusätzlichen Ströme in den Überlandleitungen verschieben sich die Arbeitspunkte von Hochspannungstransformatoren in ungünstiger Weise, sodass sie heiß laufen und sogar zerstört werden können. Auch werden Spannungsspitzen induziert, die die Netzregulierung durchein-

178 Polarlichter zwischen Wunder und Wirklichkeit

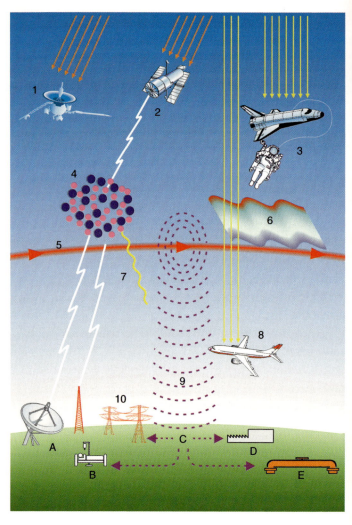

Abb. 8.3 Schematische Darstellung von Auswirkungen des Weltraumwetters auf technische Systeme. (1) Beeinflussung von Satelliten durch Atmosphärenerwärmung: Abbremsung, Orien-

ander bringen und zu Sicherheitsabschaltungen führen. Bei dem schweren Magnetsturm im März 1989 (siehe Kasten) fiel auf diese Weise das Stromnetz der gesamten Provinz Quebec in Kanada aus, sechs Millionen Einwohner waren neun Stunden lang ohne elektrische Energie, der Energieausfall verursachte Kosten in Höhe von über 13 Millionen Dollar. Auch in Skandinavien gab es mehrfach durch das Weltraumwetter bedingte Stromausfälle.

Auch die langen Öl-Pipelines in der Arktis bilden eine Sekundärspule des „Elektrojet-Transformators", wodurch in ihnen schädliche Ströme induziert werden können. Wenn sich über das Erdreich ein Stromkreis schließt, kann es an den Verbindungsstellen der Rohre durch Kriechströme zu erheblichen Korrosionsschäden kommen. Gerade bei der Empfindlichkeit des Ökosystems in der Arktis, durch die viele dieser Leitungen führen, kann man sich die Folgen eines Lecks in einer Pipeline ausmalen.

In Industriebetrieben wurde ferner festgestellt, dass während Magnetstürmen die Ausfallraten bei der Herstellung von Halbleiterbauelementen (z. B. Rechnerchips) messbar ansteigen. Auch hier sind induzierte Ströme die Ursache.

---

tierungsverlust, Absturz; (2) Beeinflussung von Satelliten durch energiereiche Teilchen: elektrische Aufladung, Überschläge, dadurch Beschädigung oder Ausfall elektrischer Systeme; (3) Gefährdung von Astronauten durch energiereiche Strahlung; (4) zusätzliche Ladungsträger in der Ionosphäre; (5) Zunahme der Ströme in der Ionosphäre; (6) Polarlicht; (7) Ablenkung von Radiowellen; (8) Gefährdung von Besatzung und Passagieren durch energiereiche Partikelstrahlung; (9) Magnetfeldwirkung; (10) Störung in Hochspannungsleitungen; (A) Störungen in der Satellitenkommunikation; (B) möglicher Einfluss auf Kranke; (C) Magnetfeldschwankungen am Erdboden; (D) Störungen bei der Chip-Produktion; (E) Korrosion in Ölpipelines

Die bei Magnetstürmen erhöhte Ionisation in der Ionosphäre, besonders in hohen geografischen Breiten, stört die Funkwellenausbreitung und auch die Kommunikation mit Satelliten. Gleichzeitig verändern die erhöhten Elektronendichten die Laufzeiten der elektromagnetischen Wellen, auf denen die meisten Navigationssysteme basieren (z. B. GPS). Dadurch werden diese Systeme ungenau, was schwerwiegende Folgen haben kann.

Besonders gefährdet durch Störungen im Weltraumwetter sind künstliche Satelliten. Die Aufheizung der Thermosphäre kann eine Erhöhung der Luftdichte in Satellitenhöhe um bis zu 100 % bewirken. Satelliten werden durch die erhöhte Luftreibung auf ihrer Bahn plötzlich stärker gebremst, können ihre Orientierung verlieren oder sogar abstürzen. Satelliten und Raumsonden, die für jahrelangen Einsatz konzipiert sind, müssen nach einer Thermosphärenaufheizung mithilfe eingebauter Triebwerke mehrfach wieder auf höhere Bahnen gebracht werden. Eine andere Gefahr droht Satelliten in geostationären Umlaufbahnen. Hier werden die Teilchenflüsse im *Ringstrom* (ein weiteres Stromsystem der Magnetosphäre) während Magnetstürmen oft um mehrere Größenordnungen erhöht. Treffen diese Teilchen auf Satelliten, so können sich isolierte Teile der Oberfläche elektrisch stark aufladen, Hochspannungsüberschläge sind die Folge. Sie verursachen Defekte oder lassen einzelne Funktionen des Satelliten total ausfallen. Auch die hochenergetischen Teilchen von solaren Flares (s. u.) können empfindliche Halbleiterbauelemente schädigen. Wissenschaftler haben abgeschätzt, dass allein bei Satelliten der USA in Zeiten erhöhter Sonnenaktivität jährlich etwa 150 Ausfälle aufgrund dieser beiden Schadensquellen passieren.

Die schwankenden Magnetfelder können überdies die Orientierung von magnetisch stabilisierten Satelliten stören. Wenn man bedenkt, wie stark unsere Zivilisation bereits von Satelliten abhängt (Telefon, Fernsehen, Datenübertragung, Navigation, Wettervorhersage), kann man sich ausmalen, dass Ausfälle hier zu erheblichen volkswirtschaftlichen Schäden führen.

Bekannt sind auch Einflüsse von Magnetstürmen auf biologische Systeme. Aus umfangreichen statistischen Untersuchungen in Russland geht hervor, dass empfindliche Menschen oder Kranke diese subtilen Einwirkungen der Sonne verstärkt spüren bzw. darauf reagieren. Seit längerer Zeit ist auch bekannt, dass Brieftauben und Zugvögel bei Magnetstürmen häufig ihr Ziel verfehlen. In diesem Grenzgebiet zwischen Physik, Biologie und Medizin werden in Zukunft noch interessante Ergebnisse erwartet.

8.3 Sonnenflares und ihre Auswirkungen

Neben den koronalen Massenauswürfen gibt es eine weitere Klasse explosiver Prozesse auf der Sonne: die Flares. Sie machen sich optisch durch einen nur Minuten andauernden hellen Lichtblitz in einem eng begrenzten Gebiet auf der Sonne bemerkbar (Abb. 8.4). Gleichzeitig werden die Intensitäten der emittierten Röntgenstrahlen und der sehr energiereichen Protonen und Elektronen oft um mehr als das Tausendfache erhöht. Es dauert nur wenige Stunden, bis die Röntgenstrahlung wieder auf „normale" Werte ab-

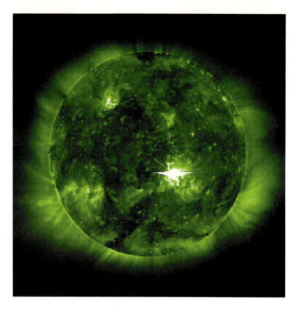

Abb. 8.4 Ein *Flare* auf der Sonne, aufgenommen im ultravioletten Licht am 2. Mai 1998 von der Kamera EIT auf SOHO. Der helle Lichtblitz führte zu stellenweiser Überbelichtung des CCD-Detektors, daher die seitlichen „Nadeln". SOHO Consortium, ESA, NASA

geklungen ist, aber meist mehrere Tage bei der Protonenemission.

Die Röntgenstrahlen erreichen die Erde mit Lichtgeschwindigkeit, d. h. etwa 8 Minuten nach ihrer Emission. Sie werden in den untersten Schichten der Atmosphäre/Ionosphäre in etwa 60 bis 90 km Höhe absorbiert und bewirken dort eine Erhöhung der Ionisation. Dadurch steigt die Absorption von Radiowellen erheblich an, wodurch u. a. der Kurzwellenfunk stark behindert wird. Zusätzlich gehen von Flares selbst starke breitbandige Radiosignale aus (*radio bursts*), die den Signalempfang auf der Erde empfindlich stören können.

Die extrem energiereichen Teilchen werden durch das interplanetare Magnetfeld zu teils erheblichen Umwegen gezwungen und kommen bei der Erde erst 10 bis 30 Minuten nach Flarebeginn an. Dort können sie Satellitenwände durchschlagen, verursachen starke Überbelichtungen in Satelliten-Kameras (Abb. 8.4) und zerstören elektronische Bauelemente auf Satelliten. Die Teilchen dringen vor allem über den Polargebieten tief in die Erdatmosphäre ein, bis sie in etwa 10 bis 50 km Höhe – je nach ihrer Energie – durch Stöße mit den Atmosphärenteilchen ihre hohe Energie verlieren und abgebremst werden.

Durch diese Teilchen sind besonders Astronauten gefährdet, die wegen der Gewichtsbeschränkung in Raumfahrzeugen kaum wirksam gegen durchdringende Strahlung geschützt werden können. Die Strahlendosen bei starken Flares sind in der Tat lebensbedrohend. Am größten ist die Gefahr für Astronauten, die außerhalb des Raumfahrzeugs arbeiten oder lange unterwegs sind (z. B. bei einem Flug zum Mars). Für ein starkes Sonnenflare im Oktober 1989 hat man errechnet, dass der Strahlenfluss für einen nur mit einem Raumanzug bekleideten Astronauten auf dem Mond absolut tödlich gewesen wäre. Auch in Flugzeugen, vor allem auf den Polarrouten, sind Besatzung und Passagiere dann erhöhten Strahlendosen ausgesetzt. Besonders energiereiche Teilchen können gelegentlich sogar den Erdboden erreichen. Offenbar hat sich aber das Leben auf der Erde im Laufe der Evolution an derartige Teilchenschauer gewöhnt.

Inzwischen gibt es auch deutliche Hinweise darauf, dass das Erdklima insgesamt langfristig durch die Sonnenaktivität und das Weltraumwetter beeinflusst wird. Aus historischen Aufzeichnungen weiß man, dass es zu Zeiten, in denen man in Europa kaum Polarlichter beobachtet hat, also die Sonne sehr „ruhig" war, besonders kalt war. Der Zeitraum von 1645 bis 1715, nach seinem Entdecker *Maunder-Minimum* genannt, ist ein Beispiel dafür (Abb. 7.7). In Europa, aber auch in Nordamerika und China, gab es zu dieser Zeit sehr kalte Winter und kühle Sommer, die zu Missernten und Hungersnot führten. Ein weiterer derartiger Zeitraum von 1450 bis 1550 wird als *Spörer-Minimum* bezeichnet. Klimatologen sprechen in diesen Fällen von „kleinen Eiszeiten". Davor gab es das „mittelalterliche Klimaoptimum" von etwa 1000 bis 1250, wo selbst in Nordeuropa Wein gedieh und in Norwegen fast bis zum Polarkreis Getreide angebaut werden konnte. Viele Klimatologen führen diese Warmzeit auf eine in dieser Zeit erhöhte Sonnenaktivität zurück[1]. Moderne Präzisionsmessungen der Sonnenstrahlung haben einen Zusammenhang zwischen Sonnenaktivität und Klima erhärtet.

8.4 Andere kosmische Einflüsse

Bisher war nur die Sonne als verantwortlich für das Weltraumwetter betrachtet worden. Aber auch Einflüsse von außerhalb unseres Sonnensystems, ja sogar von außerhalb unserer Milchstraße, sind nicht außer Acht zu lassen. Die

---

[1] Wie Abbildung 7.7 zeigt, reichen die Aufzeichnungen der Sonnenflecken nur bis etwa 1650 zurück. Die Geophysiker haben aber Methoden gefunden, um die Sonnenaktivität aus dem Gehalt von ^{14}C (*Kohlenstoffisotop*) in Baumringen sowie aus der Isotopenzusammensetzung von Eisbohrkernen zu berechnen.

Zahl von extrem energiereichen Teilchen und Quanten der *kosmischen Strahlung*, meist extragalaktischen Ursprungs, die in das Sonnensystem eindringen und auch die Erde erreichen, scheint in den letzten Jahrtausenden ziemlich konstant gewesen zu sein. Eine starke Erhöhung dieser Teilchenflüsse würde zum Beispiel als Folge einer *Supernova-Explosion* in unserer „Nähe" eintreten. Bei solchen kosmischen Katastrophen werden auch UV-, Röntgen- und Gammastrahlung sehr hoher Intensität emittiert. Ein Ereignis dieser Art wurde im August 1998 registriert. Hier verursachte das „Sternbeben" eines Neutronensternes einen Blitz aus Röntgen- und Gammastrahlen, der eine messbare Zunahme der Ionisation in der untersten Ionosphäre zur Folge hatte. Glücklicherweise war dieser Stern 20 000 Lichtjahre entfernt. Würde ein derartiges Ereignis innerhalb einer Entfernung von etwa 50 Lichtjahren passieren, so könnte allein die UV- und die Röntgenstrahlung die Ozonschicht für mehrere Jahre zerstören, und die Gammastrahlen würden erhebliche Strahlenschäden in der *Biosphäre* verursachen.

8.5 Vorhersage des Weltraumwetters

Wirksamer Schutz vor negativen Auswirkungen des Weltraumwetters ist technisch fast unmöglich. Aber auch eine zuverlässige Vorhersage wäre schon von großem Nutzen, bedenkt man nur die Vielzahl an Schäden, die sich durch rechtzeitige Vorsichtsmaßnahmen möglicherweise mindern lassen. In vielen Forschungsinstituten weltweit wird daran gearbeitet, die Treffsicherheit bei Vorhersagen des Weltraumwetters zu vergrößern. Hierzu ist noch viel Grundlagenforschung erforderlich, denn in der langen Kette von Ursachen und Wirkungen von der Sonne bis hin zur Erde gibt es noch einige Verständnislücken.

Die Ursachen der explosiven Vorgänge auf der Sonne zu verstehen und somit vorhersagbar zu machen, ist Gegenstand besonders intensiver wissenschaftlicher Forschung. Hier hat es in den letzten Jahren erhebliche Fortschritte gegeben. Eine neue Generation von Instrumenten wurde im Weltraum stationiert und behält die Sonne rund um die Uhr fest im Blick. Die Weltraumprojekte von ESA und NASA, wie SOHO, ACE, STEREO, und das japanische Weltraumobservatorium HINODE sind hier zu nennen. Neben Koronagraphen- und UV-Bildern der Sonne liefern Instrumente auf diesen Raumsonden laufend die Sonnenwindparameter und die Ströme energiereicher Teilchen. Andere Satelliten erfassen Teilchen und elektrische Ströme in der Magnetosphäre. Zusätzlich werden mit Radargeräten vom Boden aus Auswirkungen in der Ionosphäre und Atmosphäre registriert. Die gesamte Kette der solar-terrestrischen Beziehungen wird dadurch beinahe lückenlos durch geeignete Beobachtungen abgedeckt.

Dennoch ist eine langfristige Vorhersage des Weltraumwetters heutzutage noch nicht möglich. Kurzfristige Vorhersagen bis zu etwa 100 Stunden sind aber aufgrund der o. g. Messungen schon befriedigend. Die meisten dieser Daten erscheinen in Beinahe-Echtzeit im Internet und sind öffentlich zugänglich (z. B. auf den Internetseiten der NASA und ESA, siehe Kap. 10). Viele dieser Dienste bieten auch sogenannte *Alerts* an, d. h., man kann sich per E-Mail oder auf ein Handy Weltraumwetterwarnungen zuschicken lassen. Auch die offiziellen Warnzentren verwerten die Daten aus dem Weltraum schon regelmäßig. Mehrere Industrieländer haben solche Warnzentren eingerichtet, die das tägliche Weltraumwetter dokumentieren und Vorhersagen veröffentlichen (Kap. 10).

9

Polarlicht auf anderen Planeten

Wie im Kapitel 7 beschrieben, sind drei Voraussetzungen für das Zustandekommen von Polarlicht auf der Erde notwendig:
* der Sonnenwind
* eine Atmosphäre
* ein Magnetfeld

Der Sonnenwind ist im ganzen Sonnensystem vorhanden, alle Planeten stehen daher unter seinem Einfluss. Ein Magnetfeld und eine Atmosphäre besitzen auch die vier äußeren Planeten, die „Gasriesen" Jupiter, Saturn, Uranus und Neptun. Tatsächlich ist auch dort Polarlicht nachgewiesen worden.

Der Jupiter hat, wie die Erde, ein Magnetfeld, das allerdings etwa 20-mal stärker ist. In seiner Form ähnelt es, wie das der Erde, einem magnetischen Dipol, Nord- und Südpol liegen in der Nähe der geografischen Pole des Jupiters. Wegen des starken Magnetfeldes ist die Magnetosphäre des Jupiters riesig im Vergleich zur Erdmagnetosphäre. Könnte man sie sehen, so wäre sie der Fläche nach etwa dreimal so groß wie die Sonnenscheibe. Die Atmosphäre des Jupiters ist allerdings ganz anders beschaffen als die irdische. Von der Masse her besteht sie zu etwa 75 % aus Wasserstoff und 24 % aus Helium; das restliche Prozent machen andere Gase aus, wie z. B. Methan und Ammoniak. Das Jupiter-Polarlicht leuchtet daher in anderen Farben als das irdische. Die stärksten Emissionen liegen im Ultraviolett- und im Infrarotbereich, die unser Auge nicht wahrnehmen kann. Zwar gibt es auch Emissionen im sichtbaren Bereich (blau, violett und die rote H_α-Linie, vgl. Abb. 6.11), die aber nur schwach sind. Die Raumsonde Voyager 1 hat im Jahr 1979 zum ersten Mal entsprechende Bilder zur Erde gefunkt. Inzwischen gibt es viele Bilder vom Jupiter-Polarlicht, besonders auch vom Weltraumteleskop *Hubble* aufgenommene, Abbildung 9.1 zeigt ein Beispiel.

Abb. 9.1 Polarlicht auf Jupiter, aufgenommen mit dem Weltraumteleskop „Hubble". Es handelt sich um eine Falschfarbendarstellung, die verschiedenen Blautöne geben nicht die wirklichen Farben wieder, sondern nur Intensitätsunterschiede. Astronomy Picture of the Day: 19. Dezember 2000; John T. Clarke (U. Michigan), ESA, NASA

Das über Jupiter Gesagte gilt sinngemäß auch für den Ringplaneten Saturn. Sein Magnetfeld ist etwas schwächer als das der Erde; seine Atmosphäre ist ähnlich zusammengesetzt wie die des Jupiters, allerdings beträgt der Wasserstoffanteil auf dem Saturn 93 % und der Heliumanteil weniger als 7 %. Auch dort hat man Polarlicht beobachtet (Abb. 9.2).

Von den noch weiter entfernten Planeten Uranus und Neptun gibt es noch keine Polarlichtfotos. Man hat aber die Teilchen, die es auslösen, beobachtet und auch entsprechende Licht-Emissionen im Ultraviolett und Infrarot. Da die Atmosphären von Uranus und Neptun ähnlich zusam-

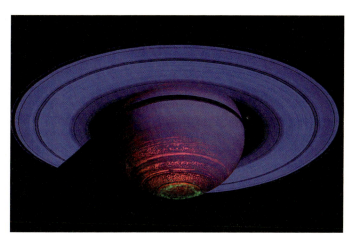

Abb. 9.2 Falschfarbenaufnahme eines Polarlichts auf Saturn, aufgenommen im Jahr 2007 mit der VIMS-Kamera auf der Raumsonde CASSINI. Die gezeigten Farben sind nicht die wirklichen, sondern wurden gewählt, um verschiedene Phänomene gleichzeitig sichtbar zu machen. Astronomy Picture of the Day: 27. September 2010, VIMS Team, U. Arizona, U. Leicester, JPL, ASI, NASA

mengesetzt sind wie die von Jupiter und Saturn, sind die Emissionen ähnlich.

Wie sieht es mit Polarlicht auf den restlichen, erdähnlichen Planeten aus? Der Mars besitzt nachweislich kein internes Magnetfeld wie die Erde und die äußeren Planeten. Dennoch hat man dort so etwas wie Polarlicht beobachtet. Es gibt auf diesem Planeten nämlich in seiner Kruste lokal begrenzte Gebiete, die schwache Magnetfelder aufweisen. Man nimmt an, dass diese Felder durch eine Magnetisierung des Krustengesteins entstanden sind zu einer Zeit, als Mars noch ein starkes inneres Dipolfeld hatte. In der Nähe dieser Gebiete hat man eine Leuchterscheinung beobachtet, die auch durch die Einwirkung von elektrisch geladenen Teilchen auf die sehr dünne Marsatmosphäre zustande kommt. Die Emissionen liegen im Ultraviolett und stammen vom Kohlendioxid (CO_2), dem Hauptbestandteil der Marsatmosphäre. Die magnetischen Gebiete liegen nicht in der Nähe der Pole, die Leuchterscheinung kann daher eigentlich nicht als „Polar"licht bezeichnet werden. Der englische Begriff *aurora* beinhaltet keinen Bezug zu den Polen, er wird daher auch für das Marsleuchten benutzt. Fotos vom Marsleuchten gibt es noch nicht.

Noch anders ist die Interpretation von Leuchterscheinungen, die auf der Venus beobachtet wurden. Dort gibt es überhaupt kein Magnetfeld, weder im Inneren noch in der Kruste. Allerdings hat die Venus eine dichte Atmosphäre. Man geht davon aus, dass Protonen aus dem Sonnenwind direkt in die Atmosphäre eindringen und dabei ein Leuchten auslösen. Auch in diesem Fall liegen die Emissionen im Ultraviolett und Infrarot. Von „Polar"licht kann auch hier nicht gesprochen werden.

9 Polarlicht auf anderen Planeten

Bleibt noch der Merkur. Er hat ein inneres Magnetfeld, das allerdings sehr schwach ist und nur etwa 1 % der Stärke des Erdmagnetfeldes aufweist. Seine Magnetosphäre ist dementsprechend geradezu „winzig". Allerdings hat Merkur keine messbare Atmosphäre; bei dem geringen Abstand zur Sonne sind alle Gase, die vielleicht bei seiner Entstehung vorhanden waren, in den Weltraum verdampft. Dementsprechend können die Elektronen aus der Merkur-Magnetosphäre nichts zum Leuchten anregen: Es gibt dort keine Aurora.

Einige Leser werden vielleicht jetzt noch den Pluto in unserer Besprechung vermissen. Was wir früher gelernt haben, stimmt inzwischen nicht mehr: Pluto wird heute nicht mehr als Planet angesehen. Die Internationale Astronomische Union hat ihm am 24. August 2006 aufgrund neuester Forschungsergebnisse den Planetenstatus abgesprochen. Er wird heute unter der neu geschaffenen Rubrik *Kleinplanet* geführt.

Zusammenfassend kann man sagen, dass Polarlicht in unserem Planetensystem ziemlich häufig vorkommt. Das gilt wahrscheinlich auch für andere Sonnensysteme in unserer *Galaxie*, von denen die Astronomen in den letzten Jahren einige entdeckt haben.

10
Literatur und Internet

Um interessierten Lesern die Möglichkeit zu geben, einige der zugrunde liegenden Arbeiten im Original zu lesen und auch auf weiterführende Literatur und das Internet zugreifen zu können, wurde ein umfangreiches Literaturverzeichnis erstellt. Leider liegen die meisten Publikationen nur in englischer Sprache vor. Fachbücher, die über die hier dargestellten Erklärungen hinaus weiter ins Detail gehen, aber dafür mathematische oder physikalische Vorkenntnisse erfordern, sind mit einem (F) gekennzeichnet.

Zu Kapitel 1: Geschichten von Polarlichtern

Bücher und Zeitschriftenartikel:

Brekke A., Egeland, A.: The Northern Light, From Mythology to Space Research, Berlin 1983.

Brekke, A., Hansen, T.: Nordlicht, Wissenschaft, Geschichte, Kultur, Schriftenreihe des Alta Museums Norwegen, Nr. 4, 45, 1997.

Craigthon, H. (Hg.): Bluenose Magic. Popular Beliefs and Superstitions in Nova Scotia, 251, Toronto, 1968.

Crottet, R.: Verzauberte Wälder, Geschichten und Legenden aus Lappland, 399–410, München, 3. Aufl. 1978.

Eather, R. H.: Majestic Lights, The Aurora in Science, History and the Arts, American Geophysical Union, Washington D. C., 1980.

Falck-Ytter, H.: Das Polarlicht, Aurora Borealis und Australis in mythischer, naturwissenschaftlicher und apokalyptischer Sicht, Stuttgart, 3. Aufl., 1999.

Fréchette, L.: Les contes de Jos Violon, 72–75, Montréal, 1974.

Gray, L. H. (Hg.): The Mythologie of all Races, 3, Celtic, Slavic, 319, Boston, 1918.

Gray, L. H. (Hg.): The Mythologie of all Races, 10, North American, 434–435, Boston, 1916.

Haavio, M.: Volkstümliche Auffassungen vom Nordlicht, Sitzungsberichte der Finnischen Akademie der Wissenschaften,199–226, Helsinki, 1944.

Hamilton, J. C.: The Algonquin Manabozho and Hiawatha, Journal of American Folklore, 16, 231, 1903.

Hawks, E. W.: The Labrador Eskimo, Geological Survey of Canada, Memoir 91; 137, 151, Ottawa, 1916.

Jones, W.: Notes on the Fox Indians, Journal of American Folklore, 24, 212, 1911/12.

Knortz, K.: Märchen und Sagen der Indianer Nordamerikas, Kap. 15, Jena, 1871, http://www.sagen.at/texte/maerchen/maerchen_usa/dasnordlicht.html

Leem, K.: Knud Leems Beskrivelse over Finmarkens Lapper: deres Tungemaal, Levemaade og forrige Afgudsdyrkelse, Tab. LXVIII, Kiobenhavn, 1767.

Lemieux, G.: Les vieux m'ont conté, Bd. 6, 68, 175–176 und 178, Montréal, 1975.

Lundmark, B.: Det hörbara ljuset, Lapp folktales concerning aurora, Västerbotten 1/2, Umeå, 1976.

MacCulloch, C. J. A. (Hg.): The Mythology of all Races, 4, Finno-Ugric, Sibirian, 81, 398, 488, Boston, 1927.

Mackenzie, D.: Scotish Folklore and Folk-Life, 92, 98, 222, London, 1935.
MacMillan, C.: Canadian Wonder Tales, 85–90, Nachdruck, Toronto, 1974.
Nungak, Z., Arima, Eu.: Eskimo Stories of Povungnituk, 123, Quebec, Ottawa, 1969.
Petri, H.: Das Weltende im Glauben australischer Eingeborener, in: Jensen, A. E. (Hg.): Myth, Mensch und Umwelt, 357–358, New York, 1978.
Rasmussen, K.: Intellectual culture of the Igluik eskimos, Report of the 5th Thule expedition 1921–1924, Bd. 7, Nr.1, 94–95, Kopenhagen, 1929.
Reed, A. W.: Treasury of Maori Folklore, 418–420, Wellington, Auckland, Sydney, 1963.
Reed, A. W.: The Stars of Maoriland, 12, Dunedin, Wellington, o. J.
Savage, C.: Aurora, The Mysterious Northern Lights, Vancouver/Toronto, 1994.
Schwarz, H. T.: Elik and other stories of the MacKenzie Eskimos, 15–19, Toronto, 1970.
Stauning, P.: Harald Moltke, Painter of the Aurora, Danish Meteorological Institute, Kopenhagen, 2010.
Stevens, J. R.: Sacred Legends of the Sandy Lake Cree, 133, Toronto, 1971.
Stifter, A.: Bergkristall, Fischer TB, 96–97, Frankfurt a. M., 2009.

Internet:

Traumzeitlegenden:
http://www.traumzeit-legenden.de/173/weltall-astronomie/aurora-australis.html

Zu Kapitel 2: Polarlichter in der Geschichte

Bücher und Zeitschriftenartikel:

Aristoteles: Meteorologica, 342a34–342b16, übersetzt ins Englische von H. D. P. Lee, Cambridge, Mass. 1952. Übersetzt nach Stothers 1979, 86.

Die Bibel, Deutsche Ausgabe der Jerusalemer Bibel, Freiburg, Basel, Wien, 2. Aufl. 1968.

Botley, C. M.: Northern Noises, Weather, 19, 270–272, 1964.

Brekke, A., Egeland, A.: The Northern Light, siehe zu Kapitel 1.

Brekke, A., Hansen, T.: Nordlicht, Wissenschaft, Geschichte, Kultur, Schriftenreihe des Alta Museums Norwegen 4, 12 und 19, 1997.

Dante Alighieri: Die Göttliche Komödie, München, 1957.

Eather, R. H.: Majestic Lights, siehe zu Kapitel 1.

Egeland, A.: Das Polarlicht, Mythen und Fakten, ein Fachbuch für Kinder, Nordlyssenteret, Andenes, Norwegen, 2010.

Fritz, H.: Verzeichnis beobachteter Polarlichter, Wien 1873.

Der Königsspiegel. Aus dem Altnorwegischen übersetzt von R. Meissner, 89–91, Halle/Saale, 1944.

Keimatsu, M.: A Chronology of Aurorae and Sunspots in China, Korea and Japan, Annales Science Kanazawa Univ., 1–11, Vol. 7, 1970.

Link, F.: Obsérvations et Catalogue des Aurores Boréales apparues en Occident de -626 à 1600, Travaux de l'Institute Géophysique de l'Académie Tchèchoslovaque des Sciences, Nr. 173, 297–379, 1962.

Plutarch: Lysander XII, 4, übersetzt ins Englische von B. Perrin, Cambridge, Mass., 1916. Übersetzt nach Stothers 1979, 86.

Die Sammlung der Zentralbibliothek Zürich, kommentierte Ausgabe, Band 7, hg. von Harms, W., Schilling, M.: Teil 2, Die Wickiana II, 1570-1588, 342-343. Tübingen, 1997.

Schiller, Fr.: Dramen und Gedichte, hg. v. der Deutschen Schillergesellschaft, Stuttgart, 1959.
Schröder, W.: Das Phänomen des Polarlichts, Wissenschaftliche Buchgesellschaft, Erträge der Forschung 218, Darmstadt, 1984.
Seneca: Naturales quaestiones, I, 14.1–15.5, übersetzt ins Englische durch T. H. Corcoran, Cambridge, Mass., 1971. Übersetzt nach Stothers 1979, 88.
Siscoe, G., Silverman, S., Siebert, K.: Ezekiel and the Northern Lights: Biblical Aurora seems plausible, EOS, 83, Nr. 16, 173–179, 2002.
Stothers, R.: Ancient Aurorae, ISIS, 70, 85–95, 1979.
Victorius, P.: Chasmatologia, 1583. Zitiert nach Harms, W., Schilling, M.: Die Sammlung der Zentralbibliothek Zürich, Teil 2: Die Wickiana II, 280, Tübingen 1997.
Wang, P. K., Siscoe, G.: Some early descriptions of aurorae in China, Annales Geophysicae 13, 517–521, 1995.

Internet:

Wikimedia Commons (Abb. 2.2):
http://commons.wikimedia.org/wiki/File:Bible_Ezechielovo_vid%C4%9Bn%C3%AD.JPG?uselang=de

Zu Kapitel 3: Wunderzeichen auf Flugblättern

Bücher und Zeitschriftenartikel:

Bott, G. (Hg.): Zeichen am Himmel, Flugblätter des 16. Jahrhunderts, Katalog der Ausstellung des Germanischen Museums, Nürnberg, 1982.
Brednich, R. W.: Artikel Flugblatt, Flugschrift, in: Enzyklopädie des Märchens, Bd. 4, Sp. 1339–1358.

Hellmann, G.: Die Meteorologie in den Deutschen Flugschriften und Flugblättern des XVI. Jahrhunderts, Ein Beitrag zur Geschichte der Meteorologie, Abhandlungen der Preußischen Akademie der Wissenschaften, Jahrgang 1921, Phys.-Math.-Klasse Nr. 1, Berlin 1921.

Hess, W.: Himmels- und Naturerscheinungen in Einblattdrucken des XV. bis XVIII. Jahrhunderts, Nieuwkoop, 1973 (Nachdruck der Ausgabe Leipzig 1911).

Die Sammlung der Zentralbibliothek Zürich, kommentierte Ausgabe, Band 6, hg. von Harms, W., Schilling, M.: Teil 1, Die Wickiana I, 1500–1569, 126-127, 128-129, 218-219, 280-281, Tübingen, 2005.

Schlegel, K.: Vom Regenbogen zum Polarlicht, Leuchterscheinungen in der Atmosphäre, 141–143, Heidelberg, Berlin, 2. Aufl. 2001.

Schwarte, M.: Nordlichter, Ihre Darstellung in der Wickiana, Münster, New York, 1999.

Schwegler, M.: „Erschröckliches Wunderzeichen" oder „natürliches Phänomen"?, Bayerische Schriften zur Volkskunde 7, München 2002.

Weber, B.: Wunderzeichen und Winkeldrucker 1543–1586. Einblattdrucke aus der Sammlung Wickiana in der Zentrabibliothek Zürich, Zürich, 1972.

Zimmermann: Artikel Nordlicht, in: Bächthold-Stäubli, H.: Handwörterbuch des Deutschen Aberglaubens, Sp. 1117–1121, Berlin, Leipzig, 1927.

Zu Kapitel 4: Vom Unheilsboten zum Forschungsobjekt

Bücher und Zeitschriftenartikel:

Behn, F.: Das Nordlicht nebst Abbildung, wie es sich 1770 den 18ten Januar zu Lübeck zeigte, 45–52, Lübeck 1770. (Digitalisiert von Google: http://books.google.de/books?id=RXw5AAAAcAAJ&printsec=frontcover&dq=behn+das+Nordlicht&hl=de&ei=xWTjTYS9Fc_MsgaHuKXrBQ&sa=X&oi=book_result&ct=result&resnum=1&sqi=2&ved=0CDQQ6AEwAA#v=onepage&q&f=false)

Brekke, A., Egeland, A.: The Northern Light, siehe zu Kapitel 1.

Davis, R. (Hg.): Sir John Franklin's Journals and Correspondance: The First Arctic Land Expedition, 1819–1822, Toronto, 1995.

Davis, R. (Hg.): Sir John Franklin's Journals and Correspondance: The Second Arctic Land Expedition, 1825–1827, Toronto, 1998.

Eather, R. H.: Majestic Lights, siehe zu Kapitel 1.

Fritz, H.: Verzeichnis, siehe zu Kapitel 2.

Fritz, H.: Das Polarlicht, Internationale Bibliothek, 49. Bd., Leipzig, 1881.

Heuson, J. C.: Kurze Betrachtung über zwey Phaenomena oder Luftgeschichte, Frankfurt a. M., 1721.

Kirch, Chr.: Aufrichtiger Bericht von dem im itzlaufenden 1716 den Jahre den 17. Martii Abends entstandenen ungewöhnlichen Nordschein, Danzig, 1716. Nachgedruckt in Schröder: Vom Wunderzeichen zum Naturobjekt, Fallstudie zum Polarlicht vom 17. März 1716 (s. u.), 71–75, 2001.

Langhansen, Chr.: Auxiliante de Aurora Boreali, quam Germani Das Nordlicht appellant, o. O. (Königsberg), o. J. Nachgedruckt in Schröder, W.: Vom Wunderzeichen zum Naturobjekt, Fallstudie zum Polarlicht vom 17. März 1716 (s. u.), 76–94, 2001.

De Mairan, J. J.: Traité Physique et Historique de l'Aurore Boréale, Paris 1733, (2. Aufl. 1754, Digitalisiert von Google: http://books.google.com/books?id = 6FEVAAAAQAAJ&dq= Mairan%2C%20Traite%20physique&hl=de&pg=PP1#v= onepage&q&f=false).

Neumayer, G. B., Börgen, C.: Die internationale Polarlichtforschung (1882–1883), die Beobachtungsergebnisse der Deutschen Stationen, Bd. 1, Kingua-Fjord, Berlin, 1886.

Schlegel, K., Silverman, S.: Johann Christian Heuson, a little-known auroral scholar of the early 18th century, Hist. Geo Space Sci., 2, 89–95, 2011.

Schröder, W.: Phänomen, siehe zu Kapitel 2.

Schröder, W.: Vom Wunderzeichen zum Naturobjekt, Fallstudie zum Polarlicht vom 17. März 1716, Arbeitskreis Geschichte Geophysik und Kosmische Physik, Bremen, 2001.

Schröder, W.: The development of the aurora of 18 January 1770, Hist. Geo and Space Sci., 1, 45–48, 2010.

Schwarte, M.: Nordlichter, siehe zu Kapitel 3.

Silberschlag, J.: Sendschreiben über das am 18ten Jänner im Jahre 1770 zu Berlin beobachtete Nordlicht, Berlin, 1770.

Sparrmann, A.: A voyage round the world, with Captain Cook in HMS Resolution, 22, London, 1954.

Stauning, P.: Moltke, siehe zu Kapitel 1.

Wolff, Chr.: Gedanken über das ungewöhnliche Phänomenon, welches den 17. Martii. Halle 1716. Nachgedruckt in Schröder, W.: Wunderzeichen, 33–70.

Internet:

Encyclopedia of the Antartic, Artikel Aurora (engl.): http://cw.routledge.com/ref/antarctic/aurora.html

Zu Kapitel 5: Meilensteine zur naturwissenschaftlichen Erklärung

Bücher und Zeitschriftenartikel:

Birkeland, K.: The Norwegian Aurora Polaris Expedition 1902–1903, Volume 1, Section 2, 667, Christiania, 1913.

Egeland, A., Burke, W. J.: Kristian Birkeland's pioneering investigations of geomagnetic disturbances, Hist. Geo and Space Sci., 1, 13–24, 2010.

Fritz, H.: Polarlicht, siehe zu Kapitel 4.

Gauß, C. F., Weber, W. (Hg.): Resultate aus den Beobachtungen des magnetischen Vereins in den Jahren 1836–1845, Leipzig, 1837–1843.

Gilbert, W.: De Magnete, erstmals erschienen etwa 1600; deutsche Bearbeitung: Magneten, Magnetnadel und Erdmagnetismus: Nach d. Werke von William Gilbert, hg. von Erich Boehm, Leipzig 1918.

Original digitalisiert von Google: http://books.google.de/books?id=YT9EmW1TmakC&lpg=PP1&dq=Gilbert%2C%20Magnete&pg=PR49#v=onepage&q&f=false

Hermann, A.: Lexikon Geschichte der Physik A–Z, Köln, 1972.

Keppler, E.: Die Luft, in der wir leben – Physik der Atmosphäre, München, 1991.

Kertz, W.: Einführung in die Geophysik Band I und II, Mannheim, 1969. (F)

Rawer, K.: Die Ionosphäre – ihre Bedeutung für Geophysik und Radioverkehr, Groningen, Holland, 1953. (F)

Störmer, C.: The polar aurora, Oxford, 1955.

Tallack, P. (Hg.): Meilensteine der Wissenschaft, Heidelberg-Berlin, 2002.

von Humboldt, A.: Kosmos, Entwurf einer physischen Weltbeschreibung, Band 1–4, Stuttgart und Tübingen, 1845–1858.

Internet:

Der große Magnet, die Erde (dt. Übersetzung eines Artikel von D. Stern): http://www.phy6.org/earthmag/Dmagint.htm

Deutsche Wikipedia-Artikel über „Sonne", „Erdmagnetfeld", Spektroskopie": http://de.wikipedia.org/wiki/Wikipedia:Hauptseite

Seiten der Deutschen Geophysikalischen Gesellschaft zur Geschichte der Geophysik (dt.): http://www.dgg-online.de/geschichte/birett/GEOPHHIS.HTM

Zu Kapitel 6: Die Eigenschaften des Polarlichts

Bücher und Zeitschriftenartikel:

Akasofu, S.-I.: Aurora Borealis, The Amazing Northern Lights, Alaska Geographic, Fairbanks, USA, 1979.

Bone, N.: Aurora: Observing and Recording Nature's Spectacular Light Show (Patrick Moore's Practical Astronomy), New York, USA, 2007.

Brekke, A., Hansen, T.: Nordlicht, siehe zu Kapitel 2.

Eather, R. H.: Majestic Lights, siehe zu Kapitel 1.

Fritz, H.: Verzeichnis, siehe zu Kapitel 2.

Pfoser, A., Eklund, T.: Polarlichter – Feuerwerk am Himmel, Erlangen, 2011.

Schlegel, K., Polarlicht, in: Wege in der Physikdidaktik (Hg. K.-H. Lotze, W. B. Schneider), Erlangen, 2002.

Schlegel, K.: Vom Regenbogen, siehe zu Kapitel 2.

Schröder, W.: Polarlicht, siehe zu Kapitel 2.

Internet:

ASAHI-Foundation Aurora Classroom (engl.): http://asahi-classroom.gi.alaska.edu/

Aurora-Seiten von Michigan-Tech (viele weitere Links, engl.): http://www.geo.mtu.edu/weather/aurora/

Aurora-Seiten des Polarlichtfotografen Jan Curtis, Fairbanks, Alaska (engl.): http://latitude64photos.com/

Bildarchiv des Arbeitskreises Meteore/Polarlicht (dort auch weitere Links, dt.): http://www.meteoros.de/bildarchiv/view.php?gallery_id 74

Charisma Project zur Abbildung des Polarlichtovals (engl.): http://bluebird.phys.ualberta.ca/carisma/

Die stärksten geomagnetischen Stürme seit 1868, AA*-Index (engl.): http://www.ngdc.noaa.gov/stp/geomag/aastar.html

Exploratorium-Seiten der NASA (engl.): http://www.exploratorium.edu/auroras/

NASA – Astronomy Picture of the Day (Astronomie-Bild des Tages, engl.): http://antwrp.gsfc.nasa.gov/apod/astropix.html

Science Forum des Inst. für Geophysik, Univ. Alaska (engl.): http://www2.gi.alaska.edu/ScienceForum/aurora.html

WIKIPEDIA-Seiten über Polarlicht (dt.): http://de.wikipedia.org/wiki/Polarlicht

WIKIMEDIA COMMONS (Abb. 6.4, Abb. 6.5):

http://commons.wikimedia.org/wiki/File:Aurore_australe_-_Aurora_australis.jpg?uselang=de

http://commons.wikimedia.org/wiki/File:Northern_Lights.jpg?uselang=de

Zu Kapitel 7: Die physikalische Erklärung des Polarlichts

Bücher und Zeitschriftenartikel:

Akasofu, S.-I.: Exploring the Secrets of Aurora, New York, USA, 2007.

Akasofu, S.-I., Kann, J. R. (Hg.): Physics of Auroral Arc Formation, American Geophysical Union, Washington D. C., USA, 1981. (F)

Keppler, E.: Sonne, Monde und Planeten, Was geschieht im Sonnensystem?, München, 1982.

Hoyt, D. V., Schatten, K. H.: Group Sunspot Numbers: A New Solar Activity Reconstruction, Solar Phys., 181, 491–512, 1998.

Prölls, G. W.: Physik des erdnahen Weltraums, Berlin-Heidelberg, 2001. (F)

Schlegel, K.: Vom Regenbogen, siehe zu Kap. 3.

Schlegel, K.: Die Magnetosphäre der Erde, Astronomie und Raumfahrt im Unterricht, 38, 31–34, 2001.

Unsöld, A., Baschek, B.: Der Neue Kosmos, Einführung in die Astronomie und Astrophysik, Berlin, 1906. (F)

Internet:

Animationen und viele Darstellungen der Magnetosphäre (Scientific Visualization Studio der NASA, engl.): http://svs.gsfc.nasa.gov/search/Keyword/Magnetosphere.html

Deutsche Wikipedia-Seite „Polarlicht", „Magnetosphäre": http://de.wikipedia.org/wiki/Wikipedia:Hauptseite

Sonnenfleckenzahl, (Abb 7.7): Wikimedia Commons:
http://commons.wikimedia.org/wiki/File:Sunspot_Numbers_German.png?uselang=de

Zu Kapitel 8: Das Weltraumwetter und seine Auswirkungen

Bücher und Zeitschriftenartikel:

Schlegel, K.: Wenn die Sonne verrückt spielt. Physik in unserer Zeit, 5, 222–226, 2000.

Schwenn, R., Schlegel, K.: Sonnenwind und Weltraumwetter, Spektrum der Wissenschaft, Dossier, 3, 15–23, 2001.

Schlegel, K.: Das Weltraumwetter und seine Auswirkungen, Astronomie und Raumfahrt im Unterricht, 39, 15–18, 2002.

Schlegel, K.: Sonnenaktivität und Klima, Meteoros, 5, 148–167, 2002.

Space Weather: The Physics behind a slogan (edited by K. Scherer, H. Fichtner, B. Heber, U. Mall), Lecture Notes in Physics, Berlin-Heidelberg, 2005. (F)

Internet:

SOHO-Projekt-Seiten der NASA, viele Bilder und animierte Bildsequenzen der Sonne (engl.): http://soho.nascom.nasa.gov/about/about.html

Space-Weather-Seiten der ESA (engl.): http://www.esa.int/esaMI/SSA/SEM0MNIK97G_0.html

Geospace Environment Data Display System (Weltraumwetterdaten, engl.): http://gedds.pfrr.alaska.edu/

Weltraumwetter-Seiten des Space Science Institutes (engl.): http://www.spaceweathercenter.org/

SWEETS-Space Weather and Europe – an educational tool with the sun (Uni Greifswald), bietet eine kostenlose, sehr informative interaktive DVD über Weltraumwetter an (mehrspr.), siehe unter „Activities"-> Space Weather DVD:
http://www.physik.uni-greifswald.de/sweets2007/index.html

Sonne-Erde-Wechselwirkungen, sehr umfangreiche Seiten der „Schulphysik" (dt.): http://www.schulphysik.de/sunearth.html

Sehr ausführliche Seiten der US-Organisation „Spaceweather. com", Weltraumwetter-Warnungen auf Handy und E-Mail (engl.): http://www.spaceweather.com/

Viele Animationen von Sonneneruptionen und anderen Weltraumwettereffekten, (Scientific Visualization Studio der NASA, engl.): http://svs.gsfc.nasa.gov/search/Keyword/CoronalMass Ejection.html

Zu Kapitel 9: Polarlicht auf anderen Planeten

Zeitschriftenartikel:

Bertaux, J.-L. et al.: Discovery of an aurora on Mars, Nature, Vol. 435/9, 790-794, June 2005.

Bhardwaj, A., Gladstone, G. R.: Auroral Emissions of the Giant Planets, Rev. Geophys. 38, 295–353, 2000. (F)

Internet:

Mehrere Bilder von Polarlichtern auf Jupiter und Saturn, Astronomy Picture of the Day (Astronomie-Bild des Tages, engl.): http://antwrp.gsfc.nasa.gov/apod/astropix.html

Sachindex

A

All-Sky-Camera 126
Ammoniak 190
Äquinoktien 145
Atmosphäre 182
 siehe auch Erdatmosphäre
Atom 112, 131
aurora australis 2, 95, 160, 197
aurora borealis 2, 20f, 28, 73, 79, 84, 95, 160, 196, 204

B

Band, Bänder 122, 125, 127
black aurora 134f
Bogen 75, 78, 87
 ruhiger 121f
Bögen, siehe Bogen
Büschelentladungen 150

C

Chasma 50, 72
Chroniken 42, 51
CME, coronal mass ejection 164–166, 177
Corona 65, 67, 79, 84, 87, 89, 124, 126

D

Deklination 97, 104
Dipol 189
Dipolfeld 104

E

Edda 46, 149
Effekt, piezoelektrischer 150
Elektrojet 176f
 polarer 173
Elektron 111–115, 125, 131, 135, 138f, 154, 157–161, 173f, 181
Elektronen
 heiße 159, 166
 kalte 160
Elementarteilchen 112
Erdatmosphäre 75f, 84, 113, 116, 121, 159–161, 172, 183

Erdmagnetfeld 100, 103–106, 114–116, 139f, 145, 147f, 154–156, 158f, 161, 173f, 193, 204
Erdmagnetismus 95f, 203
Eruption 164

F

Feldlinie 125
Feldlinienverschmelzung 158
Flares 172, 180–182
  siehe auch Sonnenflares
Flugblätter 54–68, 200
Flugschriften 54
Forschungsraketen 118f, 137
Forschungssatelliten 118
Fuchsfeuer 27

G

Gammastrahlen 185
Gelber Kaiser 33
Geräusch 6, 13, 17, 20, 23f, 31, 37, 45, 61, 79, 97f, 109, 149f
Geruch 6
Göttinger Magnetischer Verein 105
Gyrationsradius 157

H

Heliosphäre 154
Helium 190
Höhenbestimmung 136

Höhenverteilung 118, 136–139

I

Infrarot 110, 133, 190–192
Infraschall 151
Inklination 97, 104
International Brightness Coefficient 134
Internationales Geophysikalisches Jahr 120
Internationales Jahr der Ruhigen Sonne 120
Internationales Polarjahr 99, 120
Ion 111f, 131, 154, 157
Ionosphäre 104, 115–118, 143, 158, 173f, 176, 180, 182, 185f, 203
Isochasmen 141f

J

Jupiter 189f, 208

K

Kataloge 42, 91–93
Kennelly-Heaviside-Layer 115
Kennziffern, magnetische 174
Kernfusion 153
Kleinplanet 193
Komet 35, 51, 91
Kompass 103

Sachindex

Kompassnadel, siehe Magnetnadel
Königsspiegel 46, 52, 87, 198
Korona 153
Koronaentladungen 150
Koronagraph 165, 186
Kosmische Strahlung 185

L

Ladungsträger 111
Leitfähigkeit, elektrische 173
Leuchtprinzip 131
Lichtemission 128
Lichtquant 131–133
Linie, verbotene 133

M

Magnetfeld, interplanetares 145, 154, 158, 182
Magnetfeldlinie 103, 156–160, 166, 177
magnetic storm 106
magnetischer Pol 104, 129, 140, 148, 159, 162
Magnetsturm 174–177, 179–181
Magnetismus 89
Magnetnadel 86, 88, 96f, 203
Magnetometer 104, 174
Magnetosphäre 104, 121, 125, 136, 155–162, 166, 169, 173f, 177, 180, 186, 189, 193, 206

Magnetosphärenschweif 156, 159, 166
Marionetten 15
Mars 192
Massenauswurf, koronaler 164f, 181
Maunder-Minimum 74, 84, 169, 184
Merkur 193
Mesopause 116
Mesosphäre 116
Meteor 35, 51, 61, 91
Methan 190
Molekül 112f, 131f

N

Neptun 189, 191
Nordlicht 1ff

O

Ozonschicht 116, 185

P

Periode, elfjährige 108
Photoionisation 113
Photon, siehe Lichtquant
Photosphäre 153
Plasma 112f, 117
Plasmaschicht 156–160
Pluto 193
Pol
   geografischer 104, 129
   magnetischer 104, 129, 140, 148, 159, 162

Polarlicht
 diffuses 127
 schwarzes 134f
Polarlichtaktivität 104, 106, 108, 160
Polarlichtoval 49, 126, 140–149, 156, 160, 162f, 166f, 205
Polarlichtzone 163
Prodigien 49
Proton 112f, 154, 157, 161, 172, 181, 192
Protonenpolarlicht 160f
Protuberanzen 164

R

Radio bursts 182f
Raum, interplanetarer 113, 164
Raumsonden 180, 186, 190
Ringstrom 180
Röntgenstrahlen 133, 173, 181f, 185
Röntgenstrahlung 116, 181, 185

S

Saturn 189, 191f, 208
Sauerstoff 112f, 118, 132
Sonnenaktivität 46, 74, 90, 144, 169, 180, 183f, 207
Sonnenaktivitätszyklus 143
Sonneneruptionen 160, 164, 167
Sonnenfinsternis 154f
Sonnenflares 166, 183
Sonnenflecken 73, 84, 92, 106–108, 169, 184
Sonnenfleckenzahl 167
Sonnenfleckenzyklus 145, 167
Sonnenkorona 153–155, 161, 164
Sonnensystem 154, 164, 184f, 189, 193, 206
Sonnenwind 154–164, 166, 171–173, 177, 189, 192, 207
Spektralanalyse 109f, 132
Spektralbänder 132
Spektrallinie 109f, 133
Spektroskopie 204
Spektrum 109–111, 132
Spiralen 122f, 125, 127
Spörer-Minimum 184
Stärke, absolute 97, 104
Stickstoff 113, 132
Störungen
 erdmagnetische, geomagnetische, magnetische 104f, 116, 122, 125
Stoßenergie 131
Stoßionisation 113
Strahlen 75f, 78, 84, 87–89, 122–125, 128
Stratosphäre 116, 173
Strom, elektrischer 111, 115–117, 159, 173

Sturm
  erdmagnetischer, geomagnetischer, magnetischer 96, 106, 166f, 169, 174f, 176f, 179–181, 205
Südlicht 1–4, 6, 92f, 95, 100, 160
Supernova-Explosion 185

T

Tag-Polarlicht 145
Terrella 114
Thermosphäre 116f, 176, 180
Theta-Aurora 146f
Triangulation 136
Tropopause 116
Troposphäre 116, 171

U

Ultraviolett 110, 116, 133, 173, 182, 190–192
Uranus 189, 191

V

Venus 192
Vorhang 87, 122, 124f, 127, 135

W

Walküren 22f
Wasserstoff 112, 153, 161, 190
Wasserstoffatom 113, 118, 133
Wellenlänge 110, 132
Weltraum, erdnaher 121, 171
Weltraumwetter 169, 171–187, 207f
Wickiana 55, 67f, 199f
Wilde Reiter 22
Wildes Heer 22
Wolke, dunkle 78, 82, 87, 134

Namensindex

A
Alighieri, D.   38, 198
Anaxagoras   39
Ångström, A. J.   109f
Appleton, E.   115
Aristoteles   40, 50, 52, 72, 148, 198

B
Banks, J.   95
Barhow, L.   86f
Bartels, J.   175
Behn, F. D.   88–90, 201
Bell, J. M.   9
Berger, T.   58
Birkeland, K.   113f, 203
Bohr, N.   112
Bunsen, R. W.   109f

C
Cavendish, H.   137
Celsius, A.   84–86, 96, 105, 173
Cook, J.   94f, 202
Crottet, R.   25, 196

D
Dalton, J.   137
Däubler, T.   30
de Mairan, J. J.   84f, 91, 94, 202
de Ulloa, A.   93

E
Egede, H.   21
Ezechiel   36–38, 45, 199

F
Fabricius, D.   72f
Fabricius, J.   73, 106
Falck-Ytter, H.   30, 196
Forster, G.   95
Franklin, J.   97f, 201
Fréchette, L.   15, 196
Friis, P. C.   48

Fritz, H.   42, 92–95, 108f, 134, 141–145, 198, 201, 203f
Frobesius, J. N.   91

G

Galilei, G.   73, 106
Gassendi, P.   73
Gauß, C. F.   97, 105, 116, 174, 203
Gilbert, W.   103, 203
Glaser, H.   56
Gutenberg, J.   54

H

Haavio, M.   26, 196
Halley, E.   79, 136
Hansteen, C.   105
Heaviside, O.   115
Hessen, W. von   71
Heuson, J. C.   81–83, 201
Hjorter, O. P.   84, 86, 96, 105, 173
Humboldt, A. von   96, 105f, 203

J

Jedlik, A.   111

K

Keck, G.   82
Kennelly, A.   115
Kirch, C.   78, 81, 91, 201

Kirchhoff, G. R.   109
Knortz, K.   9f, 196
Kolumbus, C.   103

L

Langhansen, C.   79f, 201
Lemieux, G.   13f, 196
Lovering, J.   92
Lycostenes   53

M

MacMillan, C.   11, 197
Magellan, F.   103
Manilius   41
Marconi, G.   115
Maunder, E. W.   73f, 84, 169
Mawson, D.   99
Maxwell, J. C.   115
Moltke, H.   10, 101

N

Neumayer, G. B.   99f, 202

P

Petri, H.   3, 197
Plinius   41, 50
Plutarch   39, 198

R

Rasmussen, K.   20f, 197
Reed, A. W.   4f, 197
Richardson, J.   97

S

Sabine, E. 105
Scheiner, C. 106
Schiller, F. von 52, 199
Schöning, G. 91
Schwabe, S. H. 106f
Scott, R. F. 100, 102
Seneca 41, 199
Shackleton, E. 99
Siemens, W. von 111
Silberschlag, J. 87–89, 202
Stifter, A. 1, 30, 197
Störmer, C. 99, 115, 137, 203

T

Tours, G. von 42, 73

U

Ungstrup, E. 149

V

Victorius, P. 50, 199

W

Wagner, R. C. 76, 81
Weidler, J. F. 85
Weyprecht, C. 99
Wick, J. J. 55, 63
Wilson, E. A. 102
Wirth, R. 67
Wolf, R. 92, 107f, 169
Wolff, C. 74–77, 202
Wolffhart, C. 53

Comins *Astronomie*
– endlich auf deutsch

www.spektrum-verlag.de

1. Aufl. 2011, 516 S., 520 farb. Abb., geb.
€ [D] 59,95 / € [A] 61,63 / CHF 80,50
ISBN 978-3-8274-2498-3

- Ein Lehrbuchklassiker für den Einstieg
- Passend auch für Hobbyastronomen

Neil F. Comins

Astronomie

Der amerikanische Lehrbuchklassiker für Colllegekurse in Astronomie vermittelt einen Einstieg der besonderen Art: In seiner leicht lesbaren Sprache fast ganz ohne Formeln und mit zahlreichen Astrophotos und Illustrationen ist dieses Lehrbuch didaktisch raffiniert auf das Wesentliche reduziert, das Studierende wissen müssen und leicht lernen können. Für Schüler und Hobbyastronomen bietet es sich zum autodidaktischen Lernen und Schmökern an und am Ende bleiben nicht nur die wenigen wirklich wichtigen Formeln aus der Schulphysik nachhaltig im Gedächtnis.

Auf der Website zum Buch finden sich kostenlos installierbare Himmelsführungen von Redshift zum Sternhimmel und im Sonnensystem.

führliche Informationen unter www.spektrum-verlag.de